있어빌리티
교양수업

상식 너머의 상식

있어빌리티

교양수업

상식 너머의 상식

나는 알고 너는 모르는 인문 교양 아카이브

사라 허먼 지음 | 엄성수 옮김

토트

서문

회의실에서 가장 스마트한 사람이 되거나, 디너파티에서 풍부한 지식을 유감 없이 과시하는 손님이 되거나, 논쟁에 뛰어들어 좌중을 압도하는 사람이 되거나, 이런저런 주제에 대해 지혜를 전수해 주는 부모가 되는 것, 이보다 멋진 일이 또 있을까?

어떤 사실에 대해 알고 있는 것도 중요하지만, 그 사실과 관련해 누가 무엇을 어디서 왜 등을 구체적으로 설명할 수 있어야 속사포처럼 질문을 쏟아내는 퀴즈 프로 진행자보다 한 발 앞서 나갈 수 있다. 이 책은 당신의 지평을 넓혀 줄 것이며, 결코 예상치 못할 아주 진기한 질문에 대한 답을 제공해 줄 것이다. 그리고 그 답을 알게 될 때마다 "햐, 이런 걸 대체 누가 생각이나 했겠어?" 하며 감탄을 금치 못할 것이다.

이 책에서 당신은 뛰어난 예술 작품, 거친 날씨와 신체 기능, 놀라운 식물 등에 대해 알게 될 것이다. 시간을 거슬러 고대 시대로 여행도 갈 것이며, 여러 작가의 삶에 대한 글을 읽게 될 것이고, 놀라운 과학의 세계도 들여다보게 될 것이다. 혹 그걸로 충분치 않을 수도 있으니, 세계 일주도 하고, 스포츠의 유래도 알아보고 은하계의 끝자락도 찾아가 보자.

바보 같은 질문(수박색 눈은 마치 셔벗처럼 보이는데 먹어도 안전할까?)에서부터 과학적인 질문(주기율표는 어떻게 만들어지는 것일까?)과 예상치 못한 질문(블라디미르 나보코프는 나비의 날개보다 생식기를 좋아했다고?)에 이르는 많은 질문에 대해 알아보면서, 당신은 곧 이 책에 나오는 특이하면서도 멋진 분야의 전문가가 될 것이다. 또한 당신은 이런저런 사소하면서도 흥미로운 사실과 최신 과학 지식으로 주변 사람을 놀라게 하는 사람이 될 것이다.

물론 이 모든 걸 읽고서도 제대로 기억하지 못한다면 아무 소용없다. 그래서 각 장의 끝부분에는 스피드 퀴즈가 있어, 당신의 기억을 돕는다. 이 간단한 퀴즈로 당신과 친구들의 상식을 테스트해 보면, 당신이 친구들보다 더 많은 걸 알고 있다는 걸 확인할 수 있을 것이다. 그러면서 당신은 돈과 명예도 좋지만 많은 지식을 갖고 있는 것(그리고 남들 앞에서 의기양양하게 아는 척하는 것)도 충분한 가치가 있다는 걸 깨닫게 될 것이다.

자, 이제 모든 걸 다 아는 또는 적어도 예전보다 훨씬 더 많을 걸 아는 사람이 되는 멋진 길로 들어서, 당신의 지능을 높이고 또 당신의 역량을 가다듬어 보자.

차례

서문

4

1
문학

9

2
미술과 건축

29

3
영화와 연극

47

4
고대 역사

63

5
스포츠

81

6
음식

99

7

사람의 몸

117

8

과학

139

9

동물과 식물

161

10

날씨와 기후

185

11

지리

205

12

우주

221

퀴즈 정답

242

브래지어 후크를 발명한 사람이
아동 문학가였다고?

해리 포터 속 퀴디치 게임이 현실에도 존재한다고?

J.K. 롤링J.K. Rowling의 소설 『해리 포터Harry Potter』나 그 영화를 본 적이 없더라도, 그녀가 만들어낸 마법 세계에서 중요한 비중을 차지하는 '퀴디치quidditch(빗자루를 이용해 링에 공을 넣는 경기)' 얘기는 들어본 적이 있을 것이다.

마법사의 경기를 하는 사람들

롤링의 소설에서 퀴디치는 우리도 모르는 새에 우리 '머글muggle(마법을 못하는 평범한 인간)' 사이에 존재하는 마법사들에 의해 1,000년 가까이 이어져온 경기다. 7명씩 두 팀이 4개의 공, 즉 '퀘플Quaffle' 1개, '블러저Bludger' 2개, '골든 스니치Golden Snitch' 1개를 가지고 하는 공중 경기인데, 각 팀은 경기장 양 끝에 공을 넣는 링을 3개씩 갖고 있으며, 퀘플을 그 링

속으로 집어넣어 더 많은 점수를 올린 팀이 이긴다. 블러저는 수비 선수가 골을 막기 위해 던지며, 어느 팀이든 날개 달린 조그만 공인 골든 스니치를 잡으면 경기는 끝난다. 롤링이 만든 가상 세계에서는 골든 스니치를 잡으려 하는 머글은 절대 볼 수 없겠지만, 현실 세계에서는 퀴디치 경기가 전 세계를 휩쓰는 인기를 끌었으며, 이 경기는 『해리 포터』 팬이 아니어도 할 수 있다.

현실 세계에서의 경기 규칙

현실 세계에서 하는 퀴디치 경기는 마법 세계에서 하는 경기와 아주 비슷하다. 남녀가 함께 즐기는 이 경기는 7명이 한 팀을 이룬다. 국제 퀴디치 협회(IQA)에 따르면, 선수들은 포지션을 알 수 있게 색깔 있는 머리띠를 해야 한다. '키퍼keeper'는 상대팀에게 점수를 주지 않게 경기장 양쪽 끝의 링을 지킨다. '시커seeker'는 '스니치 러너snitch runner'를 쫓아야 하며, '체이서chaser'는 공을 던지거나 차 링 안에 넣어 점수를 올려야 하고, '비터beater'는 상대 선수에게 '도지 볼dodge ball'을 던져 상대팀이 점수를 내지 못하게 해야 한다.

스니치는 무엇으로?

롤링의 세계에서 퀴디치 경기는 스니치가 잡힐 때만 끝이 나며 그러지 않으면 계속되는데, 가장 오래 끈 기록은 3개월이다. 포터모어Pottermore 웹사이트에 따르면, 예전에는 보호 종으로 아주 희귀한 새인 '골든 스니젯Golden Snidget'을 쓰다가 골든 스니치로 교체됐다고 한다. 현실 세계의 퀴디치 경기에서는 독립적인 한 선수가 '스니치 러너' 역을 맡는다. 스니치 러너는 완전히 노란색 복장을 한 채 반바지에 매달린 양말 안에 테니스 공을 넣고 달려야 한다. 각 팀의 시커는 그 공을 잡으려 애쓰게 된다. 스니치를 잡는 팀에는 30점이 주어지며 그걸로 경기는 끝난다.

전 세계를 마법으로 거머쥐다

현실 세계에서의 국제 퀴디치 협회는 6대륙에 걸쳐 20개 국가에 관리 기구가 있다. 현재 26개 국가에 퀴디치 팀이 있으며, 해리 포터 팬과 이 경기 자체를 좋아하는 사람들 사이에서 인기가 높다. 책 속에서와 마찬가지로 퀴디치 월드컵도 있는데, 2012년 이후 2년마다 열리고 있다. 2016년 IQA 월드컵은 독일 프랑크푸르트에서 열렸으며, 슬로베니아, 브라질, 대한민국 등 20개 이상의 팀이 경합을 벌였다. 우승은 호주 팀에 돌아갔다.

톨킨은 요정 이야기가 아닌 요정의 말을 만드는 사람이었다?

1937년부터 1955년까지 출간된 J.R.R. 톨킨 J.R.R. Tolkien의 유명한 소설 시리즈 『호빗The Hobbit』과 『반지의 제왕The Lord of the Rings』은 여러 세대의 독자들에게 즐거움을 선사해왔다. 두 이야기 모두 '미들-어스Middle-earth'라는 가상 세계가 배경이다. 이야기 속의 신화는 광범위하면서도 세세하고 톨킨의 언어 구사력으로 더 돋보인다.

언어에 대한 미친 듯한 노력

톨킨의 언어 사랑은 어린 시절 집에서 라틴어, 프랑스어, 독일어를 가르친 그의 어머니에 의해 심어졌다. 1968년 〈텔레그라프Telegraph〉와의 인터뷰에서 그는 이렇게 말했다. "라틴어와 그리스어를 공부하게 되면서, 웨일스어와 영어를 공부했습니다. 영어에 집중해야 할 때는 핀란드어를 공부했고요."

"톨킨은 살아생전
20개 이상의 새로운 언어를
만든 것으로 보인다."

그는 친구들과 함께 난센스 어린이 언어 '애니멀릭Animalic'과 '네브보쉬Nevbosh'를 만들었으며, 후에는 라틴어와 스페인어를 토대로 한 자칭 '나파린Naffarin'이란 언어도 만들었다. 그리고 웨일스어를 공부하고(덕분에 리즈대학교에서 5년간 중세 웨일스어를 가르치게 된다) 그 다음에 핀란드어를 공부한 것이 훗날 『반지의 제왕』에 나오는 신화적인 언어를 만드는 데 도움이 되었다.

요정의 말을 하는 법

톨킨은 언어를 이야기의 일부로 보기보다는 오히려 이야기와 자신이 만들어내는 세계를 그 언어를 쓰기 위한 장소로 보았다. 자신의 책 『톨킨의 미들—어스에 나오는 언어들The Languages of Tolkien's Middle—earth』에서 루스 S. 노엘Ruth S. Noel은 톨킨이 만들어낸 언어가 14가지나 된다고 했다. 그러나 가장 발달된 미들—어스의 두 언어는 퀘냐Quenya와 신다린Sindarin이다. 하이—엘벤High—Elven, 그레이—엘벤Grey—Elven이라고도 하는 이 두 요정 언어는 각기 핀란드어, 웨일스어와 관련이 있으며, 그 자체의 역사적 언어 뿌리와 사투리까지 갖고 있다.

1954년 『반지의 제왕』 3부작 중 첫 두 권이 나왔을 당시, 톨킨은 이미 40년간 이런 언어를 개발해놓은 상태였다. 보다 이전에 나온 케냐Qenya라는 언어에서 발전된 퀘냐는 요정들의 라틴어 버전으로, 시나 노래, 마술 등에 사용되는 문학적인 언어다. 반면에 신다린은 그의 책에 나오는 요정들이 대화할 때 쓰는 보다 일반적인 '구어체' 언어다. 톨킨의 언어는 『반지의 제왕』 3권이 출간된 뒤에도 계속 발전됐다. 그래서 2쇄와 개정판에서는 요정의 말에 여러 가지 변화가 있었다.

도대체 어떻게 번역해야 하지?

톨킨의 언어는 현실 세계에서 대화를 하는 데 쓸 정도로 완성도가 높지 않으며, 일부 언어는 책에서 언급만 됐을 뿐 실제 말해진 적도 없다. 이 두 언어 외에 '드워프어Dwarvish(크후즈둘Khuzdul이라고도 한다)', '엔트어Entish', '블랙 스피치Black Speech(사우론Sauron의 하인들이 쓰는 언어)', '오크어Orcs' 등도 있다. 오크어는 유명한 '그 모두를 지배하는 하나의 반지……'라는 말에 쓰였다. 미들—어스에는 '멘Men'에 의해 쓰이는 여러 가지 '맨어Mannish'와 사투리도 있다. 그중 '웨스트론Westron'은 멘의 가장 일반적인 언어로, '호빗Hobbit'들도 이 언어를 쓰며, 독자들이 읽은 책에서는 영어로 번역됐다. 미들—어스 작품들과 초기 언어 실험들을 감안할 경우, 톨킨은 살아생전 20개 이상의 새로운 언어를 만든 것으로 보인다.

진짜 곰돌이 푸에겐
대체 무슨 일이 있었던 거지?

앨런 A. 밀른Alan A. Milne의 『곰돌이 푸Winnie-the-Pooh』는 1926년에 처음 발행됐다. 체코어, 아프리칸스어, 에스페란토어 등 50개 언어로 번역된 이 책은 현재 전 세계적으로 5,000만 부 이상 팔렸다. 그런데 꿀을 좋아하는 곰돌이 푸가 실제로 존재하는 흑곰으로부터 영감을 얻어 탄생한 것을 알고 있는가?

20달러에 곰을 사다

1914년 8월 24일 캐나다 군 대위 해리 콜범Harry Coleboum은 자신의 일기에 다소 특이한 글을 적었다. "오전 7시에 열차로 포트아서 떠남. 20달러에 곰을 사다." 수의사 콜범은 캐나다 육군 수의사 부대 소속이었으며 제1차 세계대전 전쟁터로 가는 길이었다. 그의 임무는 기병대의 말을 돌보는 것이었다. 이 동물 애호가가 고아가 된 흑곰 새끼를 돈 주고 산 건 놀랄 일도 아니었다. 이 새끼 곰의 어미는 온타리오 화이트 리버에서 덫에 걸려 죽었다. 콜범은 새끼 곰에게 위니페그Winnipeg라는 이름을 지어주었고, 고향에 돌아간 뒤에는 줄여서 위니Winnie라 불렀다.

군인들의 마스코트에서 동물원 인기 스타로

전쟁 초기에 콜범 대위가 속한 연대는 유럽으로 가 영국 월트셔에 있는 솔즈베리 평원 훈련장에 캠프를 차렸다. 위니는 그곳의 마스코트가 되어 넉 달간 병사들과 함께 살며 모두를 즐겁게 해주었다. 그러나 유감스럽게도 이런 특별한 우정은 오래 가지 못했다. 자신의 연대가 곧 프랑스 최전선으로 파병된다는 사실을 알게 된 콜번은 1914년 12월 9일 자동차를 빌려 위니를 런던 동물원으로 데려갔다. 그리고 동물원 측에 자신이 돌아올 때까지 위니를 돌봐달라고 부탁했는데, 위니는 곧 거기에 정착해 20년 넘게 인기 스타가 되었다.

새로운 친구 푸의 탄생

위니의 진정한 스타 파워는 또 있었다. 붙임성 있는 성격 덕분에 위니는 동물원 사육사들의 신뢰를 한몸에 받았다. 심지어 울타리 안에 아이들을 들여보내 위니의 등에 올라타게 하거나 손으로 먹을 걸 주게 허용했을 정도였다. 그 결과 위니는 아이들에게 많은 사랑을 받았는데, 특히 작가 앨런 A. 밀른의 어린 아들 크리스토퍼 로빈Christopher Robin이 위니를 아주 좋아했다. 아버지와 어린 아들은 그 동물원을 자주 찾았고, 곧 로빈은 자신의 새로운 곰 친구 이름을 따 자기 곰 인형의 이름을 위니라고 바꾸었다. 밀른은 진짜 곰을 집에 데려갈 수는 없었지만, 위니의 이름에 로빈의 장난감 백조 이름 푸Pooh를 합쳐 아이들이 수세대에 걸쳐 좋아하게 될 위니-더-푸라는 이름을 만들었다.

위니가 남긴 위대한 유산

위니는 1934년 늙어서 죽었지만, 그 유산은 런던 로열칼리지오브서전 헌터리언 박물관에 아직도 살아 있다. 위니의 두개골은 원래 곰의 구강 질환에 대해 처음 연구를 한 치과 의사한테 기증됐다. 그는 위니한테 이빨이 없다는 걸 발견했는데, 그게 나이 때문이지만 먹는 습관 탓도 있다고 판단했다. 실제 로빈이 위니한테 꿀과 다른 먹을거리를 자주 준 걸로 보인다. 보다 최근에 있었던 조사에 따르면, 위니는 이빨을 둘러싸거나 지탱하는 결합 조직이 소실되거나 염증 증세를 보이는 만성 치주염을 앓았다고 한다. 다른 동물들의 두개골과 함께 위니의 두개골은 동물원 수의사들이 동물을 치료하는 데 귀중한 자료가 되고 있다.

마가렛 애트우드의
롱펜은 도대체 얼마나 길었을까?

국제적으로 성공한 작가들에게 글로벌 북 투어는 아주 힘든 일일 수 있다. 캐나다 문학계의 전설 마가렛 애트우드Margaret Atwood가 자기 집에서 편히 앉아 세계 각지 팬들의 책에 사인해줄 수 있는 장치를 꿈꾼 것도 그런 이유에서였다. 그렇게 해서 탄생한 것이 로봇공학 전문업체 신그라피Syngrafii의 롱펜LongPen이다.

지구 반대편 독자에게 직접 사인하기

2005년에 제작된 시제품은 인간의 필체를 생물학적으로 완벽히 재현해낸 최초의 로봇이었다. 한 장소에 있는 저자가 화상회의를 통해 책 사인회에 있는 팬과 얘기를 한다. 저자가 스타일러스 펜을 이용해 태블릿에 메시지를 쓰고 사인을 한 뒤 '보내기' 단추를 누른다. 그러면 수신 장소에 있는 로봇 팔이 팬의 책에 그걸 그대로 재현한다. 펜은 저자의 글쓰기 속도나 압력까지 섬세하게 읽어낸다. 롱펜은 저자가 쓰는 스타일러스 펜과 그 글씨를 재현해내는 잉크 펜, 이렇게 두 개로 이루어져 있다. 이 기계를 통해 지구 반대편까지 갈 수도 있지만, 펜 자체의 길

이는 보통 펜과 같다. 이 기술은 현재 금융, 법률, 정부 및 의료 분야에서도 쓰이고 있다.

공상과학, 현실이 되다

애트우드는 현실 속 로봇 펜을 쓴 최초의 작가이지만, 이런 식으로 화상회의를 통해 사용되는 펜을 꿈꾼 건 그녀가 최초는 아니다. 1911년에 나온 공상과학 시리즈 『랠프 124C 41+(Ralph 124C 41+)』를 쓴 미국 작가이며 출판인이며 발명가인 휴고 건즈백Hugo Gernsback의 주인공 랠프는 비디오폰 '텔레폿Telephot'을 이용해 스위스에 있는 한 여성과 대화를 하며 뉴욕에서 사인을 해줬다.

찰리와 초콜릿 공장의 신비로운 모티브는 어디서 온 것일까?

흔히 작가는 자신이 알고 있는 것에 대해 써야 한다고 말한다. 로알드 달Roald Dahl의 이야기들은 특이한 등장인물과 환상적인 시나리오로 가득 차 있는데, 『찰리와 초콜릿 공장Charlie and the Chocolate Factory』에서는 세계 최대 초콜릿 공장 중 한 곳에서 초콜릿 감식가로 일하던 어린 시절을 떠올린다.

신비스런 초콜릿 공장의 모티브

달은 1930년부터 1934년까지 영국 더비셔의 한 기숙학교를 다녔는데, 거기에서 그와 반 친구들은 부근 초콜릿 제조업체 캐드버리의 시식 대상이었다. 달이 자신의 자서전 『소년Boy』에서 설명한 것처럼, 이따금씩 12가지 초콜릿 바가 들어 있는 판지 상자가 기숙사로 들어왔다. 그 상자 안에는 아이들이 각 초콜릿 바에 대해 자신의 점수(10점 만점 중)와 기타 의견을 적어 넣을 종이가 한 장씩 들어 있었다. 달의 회상에 따르면, 당시 아이들은 전부 자신의 초콜릿 테스트 미션을 아주 진지하게 수행했고, 또 그 경험 덕에 하얀 가운을 입은 남녀가 새로운 초콜릿을 생각해내는 초콜릿 공장 내 실험실을 상상할 수 있었다고 한다. 35년 후 그는 이 당시의 공상들을 토대로 『찰리와 초콜릿 공장』에 나오는 신비스런 윌리 웡카Willy Wonka 초콜릿 공장의 세계를 만들어내게 된다.

초콜릿은 소중하니까

달은 초콜릿을 워낙 좋아해 『로알드 달 요리책The Roald Dahl Cookbook』에서 한 챕터 전체를 초콜릿에 할애했으며, 또 거기서 자신이 좋아하는 초콜릿 바가 시판된 7년(1930~1937) 간의 '초콜릿 역사'를 쓰기도 했다. 심지어 초등학생들한테 왕이나 여왕의 이름은 기억하지 못해도 좋지만 그 7년은 기억해야 한다고 말했을 정도다.

FBI는 헤밍웨이의 죽음에 어떤 영향을 미쳤을까?

1983년 당시 전기를 쓰고 있던 미국 콜로라도대학교의 한 교수가 정보 공개 신청을 한 뒤, 미국 연방수사국(FBI)은 미국 작가 겸 저널리스트 어니스트 헤밍웨이Ernest Hemingway에 대한 122페이지짜리 파일을 공개했다. 헤밍웨이는 1961년에 사망했음에도 불구하고, 그 문서에는 1942년부터 1974년까지의 기록이 담겨 있었다.

첩보원으로 활동한 헤밍웨이

1942년부터 1944년까지, 헤밍웨이는 세 번째 아내 마타Martha와 함께 살고 있던 쿠바 아바나에서 첩보 일을 했다. 그의 활동을 부추긴 건 쿠바 주재 미국 대사 스푸릴 브래든Spruille Braden으로, 그는 이른바 '사기꾼 공장crook factory'을 구축해 쿠바로 망명해 독일-이탈리아 연합군을 지원하고 있던 친(親) 프랑스시코 프랑코 스페인인들을 감시하고 있었다. FBI는 그에게 매월 자신의 정보원 26명에게 지불할 돈 1,000달러를 지급했다.

한편 FBI 국장 J. 에드가 후버J. Edgar Hoover는 헤밍웨이를 감시하라는 지시를 내렸다. 후버와 정보 계통의 사람들은 헤밍웨이가 공산당과 연루되어 있다고 믿어 그의 정보를 신뢰하지 않았다. '사기꾼 공장'은 1943년에 해체됐지만, 헤밍웨이는 2년 정도 계속 자신의 고깃배를 타고 잠수함 사냥 여행을 다녔다. 그리고 헤밍웨이 파일에 따르면, 이후 수십 년간 그에 대한 보고는 계속됐고 전화 도청도 행해졌다.

감시의 충격파에 쓰러지다

1961년 7월 1일 헤밍웨이는 미국 아이다호주 케첨에 있는 자신의 집에서 자신의 총기 보관대에서 평소 즐겨 쓰던 엽총을 꺼냈다. 그리고 네 번째 아내 메리Mary가 2층에서 자고 있는 사이에 스스로 생을 마감했다. 그는 마지막 해를 편집증과 우울증에 시달렸다. 친구들은 그가 늘 FBI의 감시를 받고 있다고 믿었고 전했다. 또 가장 최근에 쓴 원고에 대한 불안감도 많았다고 했다. 그 원고는 파리에서의 회고록으로, 사후에 『해마다 날짜가 바뀌는 축제A Moveable Feast』라는 제목으로 출간됐다.

1942년에서 1944년까지
헤밍웨이는 쿠바 아바나에서
첩보원으로 일했다.

헤밍웨이는 죽기 7개월 전 미네소타주 한 병원의 정신병동에 입원해 전기충격요법을 받았다. 병동에서 나온 뒤 두 차례 자살을 시도했고, 비행 중인 비행기에서 뛰어내리려고도 했다. 그러면서 내내 자신의 전화가 도청되고 있으며 FBI가 자신을 감시 중이라고 믿었다. 문제의 파일에서 가장 최근 보고는 1961년 1월 13일에 작성된 것이었다. 후버 국장에게 올라간 그 보고서에서는 헤밍웨이가 당시 메이어 병원 환자였으며 '정신적으로 육체적으로 심각한 상태'에 있다는 내용 등이 적혀 있다.

작가가 되기 전의 삶

61세에 죽었음에도 불구하고 헤밍웨이의 삶은 파란만장했다. 소설을 발표하기 전에 이미 고등학교 졸업 후 바로 캔자스시티의 한 신문사에서 수습기자로 일했고, 제1차 세계대전 때는 이탈리아군에서 구급 부대 자원 봉사자로 일했다. 전쟁 후에는 미국과 캐나다 신문들에 유럽 관련 기사들을 기고했다. 1920년대에는 파리 특파원으로 일하면서 F. 스콧 피츠제럴드F. Scott Fitzgerald, 파블로 피카소Pablo Picasso, 제임스 조이스James Joyce 같은 국제적인 예술가들과 교분을 쌓았다.

블라디미르 나보코프는
나비의 날개보다 생식기를 좋아했다고?

러시아계 미국인 소설가 블라디미르 나보코프Vladimir Nabokov는 자신의 소설, 특히 1955년에 쓴 『로리타Lolita』로 세계적인 명성을 얻었지만, 유명한 곤충학자이기도 하다. 곤충학 분야에서의 대표작은 '나보코프 생식기 캐비닛'으로, 그 안에는 나비 생식기로 가득 찬 시가 박스와 수백 가지 문서가 들어 있다.

나비의 날개와 생식기

곤충 특히 나비에 대한 나보코프의 열정은 어린 시절에 시작됐으나, 케임브리지대학교에 들어가면서 그게 나비에 대한 본격적인 연구로 발전됐다. 20년 후 소설 10권을 써낸 뒤 그는 뉴욕으로 이주해 곧 6년간의 하버드대학교 생활을 시작, 하루에 14시간씩 나비 연구를 하게 된다. 처음에 그는 나비를 식별하는 가장 중요한 특징은 날개 패턴이라고 믿었으나, 나중에는 현미경으로나 보이는 나비 생식기가 진화 과정에서 더 눈에 띄는 특징이라는 가설

을 세우게 됐다. 그래서 그는 나비 생식기라는 복잡한 해부학적 구조 수백 종류에 대해 기록하고 설명했으며, 그것을 조그만 목재 캐비닛 안에 체계적으로 보존해 놓았는데, 그것은 현재 하버드 비교동물박물관 곤충 전시관에 전시돼 있다.

나비에 대한 열정과 업적

나보코프가 내세운 나비 이론, 특히 '폴리오마투스Polyommatus' 속이 아시아에서 생겨나 시베리아를 거쳐 남쪽으로 칠레까지 내려왔다는 이론은 그가 살아 있을 때는 주목을 받지 못했다. 그러나 1977년 그가 세상을 떠나자 더 많은 사람들이 그의 이론에 관심을 보였고, 염기서열 분석 기술을 통해 그의 이론 중 상당수가 사실이라는 게 입증됐다. 그의 나비 연구는 하버드대학 시절 이후 끝났으나, 그의 나비 수집은 이후에도 계속되었다.

닥터 수스에겐 편집자들을 꼼짝 못하게 하는 천재적인 장난기가 있었다고?

미국 어린이 넷 중 하나는 첫 번째 책 선물로 닥터 수스Dr. Seuss의 책을 받는다. 그 책들은 그간 몇 억 권이 팔렸고 30개 언어로 번역됐다. 운율이 맞아 떨어지고 상상력 넘치는 그의 이야기들은 수십 년간 어린이들의 상상력을 사로잡았으나, 한 책에서는 잠자리에 들려는 아이에게 읽어주기엔 적합지 않은 단어가 발견되었다.

이야기 속에 숨겨진 피임약

편집자들이 관심을 갖고 실제 자신의 작품을 읽게 하려고 그는 자신의 『홉 온 팝Hop on Pop』 원고에 다음과 같은 문구를 집어넣었다. 'When I read I am smart / I always cut whole words apart. / Con Stan Tin O Ple, Tim Buk Too / Con Tra Cep Tive, Kan Ga Roo.'(글을 읽을 때면 나는 똑똑해 / 나는 늘 단어들을 갈라놓아 / 콘 스 탄 틴 노

플, 팀 북 투 / 피 임 약, 캥 거 루) 다행히 편집자 베넷 셰프Bennett Cerf가 꼼꼼히 읽어, 인쇄에 들어가기 전에 부적절한 단어 contraceptive(피임약)를 찾아냈다. 물론 그 이후에 그는 닥터 수의 원고를 훨씬 더 꼼꼼히 읽었다.

박사 학위는 없지만 이름은 박사

닥터 수스의 본명은 시어도어 수스 가이젤Theodor Seuss Geisel이었다. 수스는 그의 어머니의 결혼 전 성이다. 그는 자신의 정체를 감추기 위해 대학 시절부터 수스라는 이름을 쓰기 시작했다. 그는 진 한 병을 갖고 있다 걸린 뒤(당시는 금주법 시행 시대였다) 대학 잡지 편집자 자리에서 물러나라는 요청을 받았다. 그는 편집자 자리를 지키는 대신 필자 이름을 밝히는 모든 글에 필명을 썼다. 그의 필명 수스Seuss는 사실 goose(거위)가 아니라 voice(목소리)에 운을 맞춰야 했지만, 결국 그 발음으로 굳어졌다. Dr.는 의사가 되길 바랐던 아버지를 염두에 두고 붙인 것으로 당시 그는 박사 학위 같은 건 받은 적도 없었으나, 1956년에 정말 박사학위를 받았다.

브래지어 후크를 발명한 사람이
아동 문학가였다고?

1871년 12월 19일 사뮤엘 L. 클레멘스Samuel L. Clemens는 '조끼, 판탈롱 또는 후크가 필요한 다른 의복에 쓸 수 있는 조절 및 탈착 가능한 신축성 있는 후크'에 대한 특허를 인가받았다. 특허 신청서에 있는 삽화를 보면 발명가가 훗날 브래지어에 널리 쓰이게 된 독창적인 고무 재질의 후크를 고안해낸 걸 알 수 있다. 그런데 이 머리 좋은 발명가는 누구였을까?

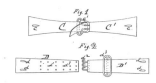

(38.)   SAMUEL L. CLEMENS.
Improvement in Adjustable and Detachable Straps for Garments.

No. 119,322.   Patented Sep. 26, 1871.
No. 121,992.   Patented Dec. 19, 1871.

Fig 1

Fig 2

Witnesses:

Inventor

마크 트웨인이 발명한 것들

사뮤엘 L. 클레멘스는 마크 트웨인Mark Twain의 본명이다. 그의 가장 유명한 작품인 『톰 소여의 모험The Adventures of Tom Sawyer』과 『허클베리 핀의 모험The Adventures of Huckleberry Finn』은 미국 문학의 클래식이 되었으며, 조절 가능한 그의 후크는 150년 넘게 여성 속옷의 기능에 엄청난 영향을 미쳤다. 특허 내용에 따르면, 마크 트웨인은 이 후크가 서로 다른 옷에 탈부착돼 잘 맞지 않는 부분을 이어주는 역할을 하는 등, 옷에 융통성 있게 쓰이길 원

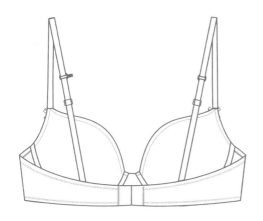

했다. 마크 트웨인은 이렇게 썼다. "옷을 갈아 입을 때 옷에서 이 후크를 쉽게 떼어내 다른 옷에 붙이는 것이다. 조절 및 탈부착이 가능한 신축성 있는 이 후크는 그 이점이 워낙 분명해 달리 설명할 필요도 없다."

풀 없이 붙이는 스크랩북

이 후크는 큰 성공을 거둬 셔츠와 남성용 팬티, 여성용 코르셋 등에 쓰였다. 트웨인은 자신의 새로운 발명으로 자신이 더없이 불편하다고 생각하는 멜빵이 사라지길 바랐다. 그당시에는 벨트가 주로 장식으로 쓰였는데, 이후크 덕에 사람들은 옷을 고정시킬 또 다른 옵션을 갖게 된 셈이었다.

브래지어 후크가 트웨인의 유일한 발명품은 아니었다. 그는 두 가지 특허를 더 갖고 있었는데, 하나는 일종의 보드게임 특허로 시제품화되지도 않았고 주목도 받지 못했다. 또 하나는 '스크랩북의 개선을 위한' 특허였다. 스크랩 광이었던 그는 별도의 풀 없이 자체적으로 붙일 수 있는 스크랩북을 만들려 했다. 이스크랩북의 페이지들은 한 면 또는 양면 전체에 '점액 또는 다른 적절한 접착 물질'이 발라져 있었다. 따라서 뭔가를 스크랩하려면 해당 위치에 물만 살짝 적시면 됐다. 이 발명품은 성공을 거둬 2만 5,000부가 팔렸다.

미래의 인쇄기에 전 재산을 걸다

유감스럽게도 마크 트웨인은 다른 사람의 아이디어를 사는 일에는 운이 따르지 않았다. 그는 활자 식자기의 판권을 사고 나서 거의 전 재산을 잃었다. 그 투자에 그는 지금 돈으로 약 800만 달러를 투자했다. 그는 그 기계가 미래의 인쇄기가 될 거라 믿었지만, 이런저런 문제점들로 인해 곧 새로운 라이노타이프 활자 식자기에 밀려났고, 그 바람에 트웨인은 심각한 재정 문제에 빠지게 된다.

"내 숙제를 개가 먹어버렸어요"가 현실이 된 작가가 있다?

대부분의 아이들은 개가 자신의 숙제를 먹어버려 제출할 수 없다는 게 얼마나 말도 안 되는 변명인지를 잘 안다. 그런데 대부분의 관용 표현들이 그렇듯, 이 표현에도 그럴 만한 사연이 있다. 유명한 작가 존 스타인벡John Steinbeck은 가슴 철렁한 그 기분을 너무 잘 알았다. 어느 날 아침 눈을 떠보니 자기 집 개가 소중한 초고를 갈가리 찢어놓았던 것이다.

너무 가난해서 개도 기를 수 없어

1933년에 스타인벡은 가난해 아내의 월급으로 먹고살아야 했다. 그러다 1939년 그의 최고 걸작으로 꼽히는 『분노의 포도The Grapes of Wrath』가 나왔고, 그게 한때 1주일에 만 부

나 팔리는 베스트셀러가 되었다. 어려웠던 시절 그는 자기 대리인에게 너무 가난해서 개도 못 기르고 전기도 못 쓴다고 했다. 스타인벡은 워낙 개를 좋아해, 개도 못 기르는 건 전기가 끊긴 거나 같다고 생각했다. 그러나 그의 운세는 곧 바뀌어, 몇 년 후 그는 토비라는 이름의 사냥개 세터를 살 수 있을 정도로 형편이 좋아졌다.

좋은 작품을 알아보는 명품 코

토비는 한밤중에 광란의 공격을 벌여 훗날 『생쥐와 인간Of Mice and Men』이 될 책의 초고를 순식간에 거덜 내버렸다. 두 달간 집필한 게 순식간에 사라진 것이다.

스타인벡은 원고를 다시 써야 했지만, 결국 그 책은 큰 성공을 거두었다. 그는 초고를 먹어치운 토비에게 큰 경의를 표하며 이렇게 말했다. "초고를 먹어치우던 순간 우리 토비가 과연 자신이 무슨 일을 하는지 몰랐을까요? 그래서 토비 일병

을 문학 담당 중령으로 승진시켜줬습니다."

땅에 묻고 불태우고 무덤 속까지!

작가들이 의도적으로 자기 작품을 파괴하는 생각을 한다는 건 상상도 하기 힘든 일이다. 그러나 자기 회의감에 사로잡히거나 큰 상심을 하거나 정신적으로 문제가 있을 경우 자신의 가장 최근 원고를 개가 먹어치워 주길 바라게 될 수도 있다. 『보바리 부인Madame Bovary』으로 유명한 프랑스 소설가 귀스타브 플로베르Gustave Flaubert는 프로이센-프랑스 전쟁 중에 자신의 원고 한 박스를 자기 집 정원에 묻었다. 그는 1880년에 사망했고 그 박스는 다시 회수되지 않았다.

1842년 『죽은 넋Dead Souls』을 발표해 큰 찬사를 받은 러시아 사실주의 작가 니콜라이 고골Nikolai Gogol은 별 볼 일 없는 작품이라는 한 광적인 성직자의 설득에 넘어가 그 후속작을 불태워버렸다. 그는 그로부터 10년 후에 사망했다.

몇몇 작가들은 운이 좋아, 자신의 결심을 뒤늦게 거둬들일 수 있었다. 영국 시인 단테 가브리엘 로제티Dante Gabriel Rossetti는 자신의 시에 사망 선고를 내려 아내의 관 안에 집어넣었다. 아내의 죽음에 상심이 너무 컸던 것이다. 그러나 그는 6년 후 마음을 바꿔 아내의 관에서 시를 꺼냈고, 결국 그의 위대한 몇몇 작품이 세상 빛을 보게 되었다.

때론 평생 따라다닌 자기 회의감이 사후의 성공으로 덮어지는 경우도 있다. 프란츠 카프카Franz Kafka는 낮은 자존감 때문에 죽어지낸 경우로, 그래서 살아 있을 때 발표된 작품도 몇 안 된다. 그는 친구이자 유작 관리자인 막스 브로트Max Brod에게 자신이 죽으면 모든 미완성 원고를 파기해달라고 부탁했지만 그는 친구의 바람과는 달리 그것들을 출간했고, 그 책들 중 몇 권은 카프카의 대표작이 되었다.

역사상 가장 긴 책은 어떤 책일까?

가장 긴 작품이 무엇인지 묻는다면 갑론을박이 일어날 수 있다. 어떤 사람은 책 길이는 단어 수로 재야 한다 하고 또 어떤 사람은 글자 또는 페이지 수로 재야 한다고 말한다. 그러나 기네스 세계기록에 오른 가장 긴 소설은 여러 해째 자리를 지키고 있다.

누가 프루스트를 이길 수 있을까

세계에서 가장 긴 소설 기록을 보유한 건 마르셀 프루스트Marcel Proust의 『잃어버린 시간을 찾아서In Search of Lost Time』로, 1913년부터 1927년 사이에 시리즈 13권이 출간됐다. 이 소설에는 130만 단어에 960만 9,000글자(여백 포함)가 포함된 걸로 추산된다. 그러나 이 기록에 도전하는 다른 책들도 있다. 단어 수만 따지면 마들렌 드 스퀴테리Madeleine de Scudéry와 조르주 드 스퀴테리George de Scudéry가 쓴 10권짜리 로맨틱 서사시 『아르

타멘 또는 키루스 대왕Artamène ou le Grand Cyrus』이 단어 수 210만으로 추산되어 단연 선두이며, 온라인 팬 픽션 중에는 단어 수 300만이 훌쩍 넘는 이야기들도 있다.

길고 긴 종이 원고

논란은 많지만, 원고 상태에서 가장 긴 책으로 기록될 가능성이 높은 원고가 하나 있다. 20세기 고전으로 여겨지는 잭 케루악Jack Kerouac의 『길 위에서On the Road』 초고는 37미터 길이의 롤 페이퍼에 타이핑됐다. 왜? 케루악이 끊임없이 타이핑을 해대며 원고를 썼기 때문이다. 그 결과 37미터 길이의 원고가 만들어졌다. 2001년 미국 미식 축구팀 인디애나폴리스 콜츠의 구단주 짐 이르세이Jim Irsay가 이 원고를 243만 달러에 사들였으며, 이후 인디애나대학교 릴리 도서관에 대여했다.

문학

LITERATURE

문자 그대로 이런저런 사실들로 머리를 꽉 채웠는가? 스피드 퀴즈를 통해
당신이 책을 통해 소화한 지식이 얼마나 되나 확인해 보라.

Questions

1. 롱펜 장치는 무얼 하는 장치였는가?

2. 허쉬 초콜릿 아니면 캐드버리 초콜릿 중 어떤 초콜릿 제조업체가 로알드 달의 기숙
   학교에 시식용 초콜릿을 보냈는가?

3. '골든 스니치'는 어떤 소설에 등장하는가?

4. 브래지어에 가장 많이 쓰이는 신축성 있는 후크는 누가 발명했는가?

5. 퀘냐와 신다린 그리고 클링곤 중에 J.R.R. 톨킨이 만들어낸 언어가 아닌 것은?

6. 어니스트 헤밍웨이는 쿠바에 있는 동안 어떤 일을 했는가?

7. 블라디미르 노보코프는 인시목에 대해 연구했다. 이는 어떤 날개 달린 곤충에 대한
   연구인가?

8. '닥터 수스'는 원래 voice와 goose 중 어떤 단어에 운을 맞춰야 했는가?

9. 존 스타인벡의 『생쥐와 인간』 초고는 어떻게 거덜이 났는가?

10. 위니-더-푸는 실재하는 곰이었다. 맞는가 틀리는가?

Answers

정답은 242페이지 참조.

미켈란젤로는 왜 다비드의 손을
다른 부위보다 크게 만들었을까?

모나리자의 눈썹은 대체 어찌 된 걸까?

레오나르도 다빈치Leonardo da Vinci의 가장 유명한 작품인 '모나리자Mona Lisa'는 모델의 신비스런 미소 때문에 논란을 불러일으키곤 하지만, 좀 더 자세히 보면 그녀의 눈썹 또한 흥미로운 점이 있다. 눈썹과 속눈썹이 없는 건 그 시대의 유행 같은 것이었을 수도 있으나, 보다 최근에 행해진 조사에 의하면 모나리자에게 늘 눈썹이 없었던 건 아니라고 한다.

고해상 스캔으로 알게 된 사실

2007년 프랑스 엔지니어 파스칼 꼬뜨Pascal Cotte가 16세기 초에 그렸던 '모나리자'를 240 메가픽셀의 해상도로 3,000시간 동안 스캔해 보았다. 그러자 육안으로는 보이지 않던 왼쪽 눈썹의 흔적이 보였고, 그래서 그는 그림 복원 및 청소 과정에서 점차 지워진 흔적일 거라 믿었다. 이는 미술사가 조르조 바사리Giorgio Vasari가 1550년에 이 그림에 대해 했던 다음과 같은 말과도 일치했다. "마치 눈썹이 피부에서 어떻게 돋아 나오는지를 보여주려 한 것처럼 더 이상 자연스러울 수가 없다."

그림 아래 숨겨진 것들

'모나리자' 같은 그림과 그 그림이 그려진 리넨 캔버스와 목재는 습도와 온도, 직사광선 노출 같은 환경 조건에 취약하며, 그래서 시간이 지나면서 그 모습이 크게 변할 수 있다. 오래 전 원본 그림에 칠해졌던 광택제나 그림 보존을 위해 추가로 덧칠한 물감 층 역시 시간이 지나면서 누렇게 또는 꺼멓게 변하면서 아래쪽 그림의 빛과 색깔이 흐려질 수도 있다. 미술 작품 보존 전문가들은 현미경, 화학 분석, 적외선 기술 등을 이용해 그림을 원래 상태대로 복원한다. 그들은 광택제 희석, 부드러운 브러시를 이용하는 드라이클리닝 같은 기법들을 쓰며, 종종 물보다는 타액을 세척제로 쓴다. 타액의 온기와 그 속에 든 효소가 먼지의 지방질 및 단백질 제거에 효과가 있기 때문이다.

타지마할의 탑은 왜 기울어져 있을까?

2004년에 인도 고고학연구소(ASI)는 타지마할의 뾰족탑 4개 가운데 3개가 3.8~7.6센티미터, 네 번째 탑이 21.6센티미터 기울어 있음에도 불구하고, 그 탑들이 붕괴할 위험이 있다는 주장을 일축했다.

너무 무거워 어찌 할 수가 없는

탑이 기울었다는 사실은 타지마할에 대한 최초의 과학적인 측량이 실시된 1941년에 밝혀졌다. 인도 고고학연구소에 따르면, 타지마할에 대한 구조적 측량은 4년마다 행해지는데, 그 이후 70년 넘게 아무 구조적 결함이 발견되지 않았다고 한다. 타지마할 주 설계자 우스타드 아흐마드 라하우리가 뭄타즈 마할의 관이 안치될 중앙 지하 묘와 반대쪽으로 탑들이 기울어지게 설계했을 수도 있다는 얘기다. 타지마할 공사는 1632년에 시작돼 20년 넘게 계속됐는데, 17세기 당시에는 이처럼 거대한 건축물들이 자체 무게를 못 이겨 또는 지진으로 붕괴되는 일이 드물지 않았고, 그래서 라하우리는 설계에 특히 많은 신경을 썼을 것이다.

시간을 뛰어넘는 사랑

뭄타즈 마할은 인도 황제 샤 자한의 세 번째 부인으로 자식을 14명이나 낳았다. 그녀는 출산 합병증으로 세상을 떠났고, 얼마 후 그녀의 남편은 사랑하는 아내에 대한 마지막 선물로 이 화려한 무덤 공사를 진두지휘했다. 이 구조물을 건설하는 데 약 2만 명의 인부와 2,000마리의 코끼리가 동원됐다. 1666년에 세상을 떠난 샤 자한 역시 이곳에 묻혔다. 기울어진 남서쪽 탑 외에 타지마할에서 완벽한 대칭을 이루지 않는 건 그의 무덤밖에 없다.

반 고흐는 정말 자신의 귀를 잘랐을까?

'귀에 붕대를 감은 자화상 (1889)'은 빈센트 반 고흐 Vincent van Gogh의 가장 유명한 그림 중 하나다. 붕대를 감은 그의 오른쪽 얼굴은 수십 년간 미술사가들의 관심을 끌고 있다. 일부 미술사가들은 그가 귓불만 잘랐다고 하고, 또 일부는 그 상처가 스스로 낸 게 아니라고 믿고 있다.

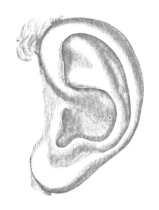

진실을 찾기 위한 논쟁

미국의 한 기록 보관소에서 발견된 반 고흐의 주치의 펠릭스 레이Félix Rey가 쓴 편지에는 반 고흐가 어떻게 귓불 일부만 놔두고 거의 귀 전체를 잘라냈는지를 보여주는 그림이 들어 있다. 2009년 많은 미술사가들은 동료 화가이 자 체류객이었던 폴 고갱Paul Gauguin이 칼싸움 끝에 반 고흐의 귓불을 자른 거라고 주장했다. 그러나 레이의 편지에 들어 있던 그림은 면도칼이 동원됐고 사고가 아니었다는 주장과 일치한다.

날개 없는 천재의 추락

반 고흐가 쓴 편지들을 보면 그는 분명 우울증을 앓았으며, 고갱과의 싸움(두 사람은 끝내 화해하지 않았다) 끝에 아니면 남동생의 결혼 소식에 충격을 받고 귀를 자른 걸로 보인다. 어찌 됐든, 그 사건 직후에 반 고흐는 한동안 정신병원에서 지내야 했다. 그는 사후에 유명해졌는데, 이후 의사들은 그가 조울증, 납 중독, 간질, 투존 중 독(그가 마신 많은 양의 압생트 술로 인한) 등의 병을 앓고 있었다고 진단했다.

불행했던 귀 수령인

반 고흐는 생의 마지막 순간을 프랑스 도시 아를에서 보냈는데, 오랜 세월 사람들은 그가 자신의 잘린 귀를 그곳에 살던 레이첼Rachel 이라는 창녀에게 선물했다고 믿었다. 그러나 최근의 조사에 따르면, 반 고흐는 1888년 12월 23일 그 사고가 일어난 뒤 잘린 귀를 사창가에서 하녀로 일하던 젊은 여성 가브리엘 벨라티에Gabrielle Berlatier에게 주었다고 한다.

머지않아 그녀는 광견병에 걸린 개에게 물렸으나 파리에서 새로 개발된 백신을 맞고 살아 났다. (당시 파리에서는 화학자 루이스 파스퇴르Louis Pasteur가 특수 병원을 세워 광견병에 대한 연구와 치료를 하고 있었다.) 그러나 치료비가 비싸 농사를 짓던 그녀의 집안은 빚더미에 올랐고, 그래서 그녀는 하녀 일을 계속 할 수밖에 없었 다. 그녀는 결혼을 해 늙을 때까지 살았는데, 죽고 나서도 오랜 기간 반 고흐와의 만남을 비밀에 부쳤다.

어떤 화가의 죽음

반 고흐는 '귀에 붕대를 감은 자화상'을 그린 이듬해인 1890년에 세상을 떠났다. 때는 20세기 중반, 7밀리 소구경 포켓 리볼버가 파리 교외 오베르 외곽의 들판에 묻힌 채 발견됐는데, 반 고흐가 그곳에서 자신의 가슴을 향해 방아쇠를 당긴 걸로 믿어진다. 현재 한 개인 소장가가 소유하고 있는 부식된 그 리볼버를 보면, 그를 죽음으로 내몬 총알이 어떤 식으로 그의 늑골에 맞고 튕겨 나갔는지를 알 수 있다. 또한 그 부상으로 반 고흐는 30시간 정도 후에 완전히 숨이 끊어졌을 걸로 추정된다. 르포쇠 아브호쉬라는 그 리볼버는 주로 도둑들을 상대로 죽이기보다는 겁을 주기 위해 쓰였다고 한다.

달에서 정말 중국의 만리장성이 보일까?

만리장성은 서쪽으로는 자위관 시, 동쪽으로는 산하이관까지 뻗어 있는 중국 북서부의 거대한 장벽이다. 달에서 볼 수 있는 유일한 인공 구조물로 불리기도 한다. 그러나 사실 달에서는 어떤 인공 구조물도 보이지 않는다. 그럼 왜 만리장성은 그런 명성을 얻게 된 걸까?

암스트롱이 달에서 본 것들

인간이 달에 발을 딛기 거의 200년 전에 한 영국 학자가 만리장성은 우주에서도 보일 거라는 말을 했다. 그리고 1895년 저널리스트 헨리 노먼Henry Norman은 이런 글을 썼다. "중국 만리장성은 어쨌든 장벽에 불과하지만…… 역사가 오래됐다는 것 외에도 달에서 보이는 지구의 유일한 인공 구조물이라는 명성도 갖고 있다." 닐 암스트롱Neil Armstrong이 최초로 달을 밟은 1969년까지만 해도 달에서 지구를 본 적이 없다는 걸 감안하면, 이런 얘기들은 대중의 상상력을 자극하기 위한 가정에 불과했다.

지구로 귀환한 암스트롱은 지구에서 37만 킬로미터 떨어진 달 표면에서 지구의 어떤 걸 볼 수 있었느냐는 질문을 여러 차례 받았다. 그는 자신이 대륙과 호수 그리고 푸른색 위의 흰색 얼룩들을 볼 수 있었지만, 인공 구조물은 보지 못했다고 말했다. 이 같은 사실은 이후 다른 우주 비행사들에 의해서도 입증되었다. 그러나 만리장성이 워낙 거대한 구조물이라는 믿음은 여전하기 때문에, 지금도 많은 사람들이 만리장성은 달에서는 보이지 않을지 몰라도 우주에서는 보인다는 주장을 하고 있다.

위성사진에 나타난 만리장성

중국 최초의 '타이코넛taikonaut'(이 용어는 '우주'를 뜻하는 중국어 '타이콩taikong'과 '선원'을 뜻하는 그리스어 nautes를 합친 것으로, 영어권 미디어들이 미국, 러시아 우주 비행사와 중국 우주 비행사를 구분하기 위해 만든 것이다)인 양 리웨이는 2003년 자신의 첫 우주 비행에서 귀환한 뒤, 기자들에게 자신은 만리장성을 보지 못했다고 말해 중국인들을 크게 실망시켰다. 모든 여건이 좋을 때 저 궤도에서 만리장성이 보였다고 주장하는 우주 비행사들도 있으나, 만리장성의 색깔이 주변 색깔과 비슷해 육안으로 구분하긴 어렵다. 적당한 해상도의 위성사진들을 보면 가끔 만리장성이 보이기도 하지만, 위성들은 지구 표면에서 705킬로미터밖에 안 떨어진 위치에 있다. 게다가 중국 전역에서 대기 오염이 점점 심해지고 있어, 우주에서 만리장성을 보는 건 점점 더 힘들어지고 있다.

나타나는 장벽, 사라지는 장벽

만리장성은 부식으로 인해 거의 2,000킬로미터의 장벽은 이미 사라졌고, 상태가 좋지 않아 다른 1,185킬로미터의 장벽도 사라질 위험에 처해 있어(그중 일부는 사람들이 자기 집을 짓기 위해 벽돌을 훔쳐갔다고 한다), 곧 우주에서 볼 수 있는 장벽이 훨씬 더 적어질 수도 있다. 그러나 2011년에 한 조사팀이 몽골 남부에서 만리장성의 일부로 보이는 장벽을 발굴하는 등, 장벽의 새로운 부분이 아직도 발견 중이다. 2012년에 나온 한 보고서에 따르면 만리장성의 길이는 2만 1,196킬로미터에 이른다.

왜 더 이상 자유의 여신상 횃불에 올라갈 수 없을까?

대체 어떤 사람이 높이 93미터에 위치해 있으면서 시속 80킬로미터의 바람에 15센티미터씩 흔들리는 자유의 여신상 횃불에 오르고 싶어 하겠는가? 그러나 1916년의 블랙 톰Black Tom 사건 전까지만 해도 관광객들은 그 횃불 꼭대기에 올라 전망을 즐길 수 있었다.

모두 잠든 밤에

1916년 7월 30일 밤에 자유의 여신상에서 멀지 않은 블랙 톰 섬의 탄약고에서 화재가 발생하자 경비원들이 저지 시티 소방서에 신고를 했다. 소방대원들이 도착했을 때 경비원들은 현장에서 도망치고 있었는데, 그럴 만한 이유가 있었다. 그들은 한 바지선에 50톤의 TNT가 실려 있고 69대의 궤도차에는 수천 톤의 탄약이 가득 들어 있다는 걸 알고 있었던 것이다. 이 미국산 무기들은 제1차 세계대전에 참전한 연합군에게 운송될 예정이었다. 새벽 2시 조금 넘어 불길이 문제의 바지선에 도달하자, 리히터 규모 5.5를 기록한 연쇄 폭발이 일어났다. 필라델피아 등 145킬로미터나 떨어진 곳에 있는 사람들도 폭발을 느꼈고, 맨해튼과 저지의 많은 주민들은 침대에서

떨어지기까지 했다. 폭발 파편들로 인해 자유의 여신상(횃불 부분 포함)은 약 10만 달러(오늘날 약 240만 달러) 상당의 피해를 입었다. 그리고 그 이후 횃불로 이르는 12미터 길이의 좁은 사다리는 봉쇄되었다.

블랙 톰 사건의 범인

1916년이면 미국은 제1차 세계대전에 참전하진 않았으나, 영국과 프랑스 군대에 탄약을 공급하고 있었고, 그 탄약의 상당 부분은 블랙 톰 섬에서 공급됐다. 독일 스파이들은 미국 선박들을 폭파시켜 그 선박에 실린 화물이 연합군에 공급되는 걸 차단했다. 그날 밤 탄약고를 폭파한 것은 독일인 두 명과 마이클 크리스토프Michael Kristoff라는 슬로바키아 출신 이민자였다. 전쟁이 끝난 뒤 조사관들이 충분한 증거를 끌어모으자, 합동 피해보상위원회는 독일에 블랙 톰 폭발 사고 피해자들에게 5,200만 달러(오늘날 약 12억 달러) 상당의 피해 보상 명령을 내렸는데, 이는 합동 피해보상위원회의 단일 보상 청구액으로는 최고 기록이다.

여신의 왕관에 오르는 영광

이제 일반인들은 아찔하게 높은 횃불까지는 오를 수 없지만, 리버티 섬을 찾는 방문객들은 자유의 여신상 왕관에 있는 25개의 창을 통해 뉴욕항 전경을 즐길 수 있다. 그러나 전망대에 오르려면 377개의 계단을 올라야 해 심장 약한 사람이라면 아예 욕심을 접는 게 좋다.

새로운 횃불

'자유의 여신상'은 애칭이며, 실제 이름은 '세계를 밝히는 자유'다. 그리고 횃불은 '밝힘'의 상징이며, 왕관의 7개 스파이크는 세계의 7개 대륙을 의미한다고 한다. 블랙 톰 사건으로 들어 올린 팔과 횃불이 피해를 입고 또 여러 해를 거치면서 마모되어, 1986년 원래의 횃불은 구리에 24캐럿 금박을 입힌 새로운 횃불로 교체되었다. 프랑스 조각가 프레데릭 바르톨디Frédéric Bartholdi가 만든 원래 횃불은 자유의 여신상 아래쪽 받침대 로비 안에 전시되어 있다.

M&M's는 어떻게 세계 최대 미술품 도난 사건을 해결했나?

에드바르크 뭉크Edvard Munch의 '절규'는 4가지 버전, 즉 원화, 석판화, 템페라, 파스텔화 등이 있다. 이 작품들은 세계적인 사랑을 받고 있는 표현주의 대표작이다. 그러니 최근 몇 년간 세상을 떠들썩하게 만든 두 차례 절도 사건의 표적이 된 것도 놀랄 일은 아니다.

어설픈 강도의 욕망

2004년 두 무장 강도가 노르웨이 오슬로의

한 미술관 안으로 걸어 들어가 방문객들이 다 보는 가운데 벽에서 뭉크의 '절규'와 '마돈나'를 떼어낸 뒤 도망갔다. 이 그림들은 2년여의 시간이 지난 뒤 노르웨이 경찰에 의해 온전한 상태로 발견됐다. 그런데 그게 묘하게도 초콜릿 기업 마즈 사Mars Inc.가 '절규'를 무사히 찾게 해주면 M&M's 초콜릿 200만 개(4만 봉지 상당)로 보상하겠다는 제안을 한 직후였다. 그들은 자신의 홍보 활동에 실제 누군가가 행동에 나서리라곤 생각도 못했다. 무장 강도죄로 복역 중이던 한 남자가 부부 면회를 허락받고 M&M's 초콜릿을 받을 생각에 경찰에 도난 그림들이 있는 데를 알려준 것이다.

금메달감 절도

가장 최근에는 팰 엥거Pål Enger가 오슬로 국립미술관에서 '절규'를 훔쳤다. 그는 경찰의 관심이 온통 딴 데 가 있는 1994년 겨울 올림픽 개막식 날 다른 공범 3명과 함께 미술관에 침입해 이 귀한 작품을 가져갔는데, 대담하게 이런 메모까지 남겼다. "허술한 경계에 무한 감사를 드립니다." 이 그림은 훗날 함정 수사를 통해 회수되었다.

미켈란젤로는 왜 다비드의 손을 다른 부위보다 크게 만들었을까?

미켈란젤로Michelangelo의 '다비드' 상은 현존하는 가장 위대한 조각 중 하나로 꼽히는 걸작이다. 그러나 이 조각상은 남자의 형상을 정확히 재현하고 있음에도 불구하고 비례가 맞지 않아 머리와 손이 부자연스럽게 크다. 미술사가들은 이것이 이 작품의 계획된 위치 때문이라고 해석한다.

높은 곳에 서 있는 다비드

1501년 미켈란젤로는 성경의 다윗과 골리앗 이야기에 나오는 다윗의 대리석 조각상 제작에 착수했다. 두오모 오페라 박물관의 의뢰로 플로렌스 성당에 둘 목적으로 만들어진 이 5미터 높이의 조각상은 지상 25미터의 성당 건물 외곽 2층 빈 공간에 세울 조각상 중 하나로 계획됐다. 그래서 미켈란젤로는 관람자의 관점에서, 그리고 특히 골리앗과의 싸움을 앞둔 다윗의 투지를 강조하기 위해 머리와 손을 더 크게 만들었다는 것이다. 그

런데 완성된 조각상은 너무 훌륭해 성당 대신 시뇨리아 광장에(현재는 모조품이 서 있다) 전시됐다. 진품 '다비드' 상은 1873년에 아카데미아 미술관으로 옮겨졌다.

경이로운 대리석의 운명

'다비드' 상을 만든 대리석 덩어리에 처음 손을 댄 조각가는 미켈란젤로가 아니었다. 거의 40년 전에 오고스티노 디 두치오Agostino di Duccio가 성당을 위해 성경에 나오는 한 선지자의 조각상을 만들 계획이었으나 그 계획은 폐기됐다. 10년 후 또 다른 조작가인 안토니오 로셀리노Antonio Rossellino가 대리석 덩어리를 넘겨받았지만, 그는 이 대리석이 너무 결점이 많아 조각하기엔 적절치 않다고 봤다. 2005년에 과학자들은 이 대리석이 미셀글리아 판티스크리티 채석장에서 온 것으로 썩 좋은 대리석은 아니라는 걸 확인했다.

프리다 칼로는 왜
웃으면서 찍은 사진이 없을까?

멕시코의 가장 위대한 현대 미술가 중 한 사람으로 꼽히는 자화상 화가 프리다 칼로Frida Kahlo의 삶은 워낙 많은 역경과 비극과 절망으로 점철돼, 누가 카메라를 들이대든 그녀가 활짝 웃지 않은 건 용서해 줄 만하다. 그런데 낯익은 그녀의 그 근엄한 표정이 실은 치아 교정과 관련이 깊다. 프리다는 자신의 치아가 정말 마음에 들지 않았던 것이다.

하기까지 극심한 고통을 겪어야 했다. 그녀는 또 여러 차례 유산을 경험했고 세 차례의 임신 중절 수술을 받았다. 이는 전차 사고 당시 자궁에 문제가 생겼기 때문이 아닌가 싶다. 그녀는 정신 질환도 앓았다. 또한 오른쪽 무릎 아래를 절단하는 등 평생 수술을 35번이나 받았다.

소아마비와 연이은 역경

남성들이 지배하는 세계에서 인정받는 예술가로 활동하기 위해서는 정해진 남녀 규범에 따르길 거부하고 웃음 없는 모습을 보여주는 것도(그녀의 모든 초상화와 그림에서 보듯) 한 가지 방법일 수 있었겠지만, 그에 앞서 그녀는 너무도 많은 고통을 받았다. 우선 6세 때 소아마비를 앓아, 왼쪽 다리에 비해 오른쪽 다리가 눈에 띄게 가늘어졌다. 또한 전차 사고로 척추와 골반과 쇄골과 갈비뼈가 으스러져 회복

그녀의 치아에 무슨 일이 있었나

놀랄 일도 아니지만, 그래서 그녀는 날마다 브랜디를 한 병씩 마셨고, 굴뚝처럼 담배 연기를 뿜어댔으며, 사탕을 입에 달고 살았다. 이 모든 게 그녀의 치아에 좋을 리가 없었다. 앞니 두 개를 포함해 여러 개의 치아가 빠져, 앞니는 금니로 교체했다. 그녀에겐 특별한 경우에만 쓰는 다이아몬드 박힌 멋진 금니도 한 쌍 있었다.

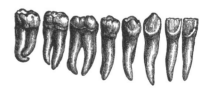

의사의 꿈을 접으며

운명이 다른 쪽으로 흘러갔다면, 아마 세상은 프리다 칼로의 작품을 볼 수 없었을지도 모른다. 그녀는 원래 의사가 될 계획이었고, 1922년에는 멕시코 명문 국립대학 예비학교에 적을 둔 몇 안 되는 여성 중 하나가 되었다. 그녀가 전차 사고로 심각한 부상을 당한 건 그로부터 3년 후의 일이다. 온몸에 깁스를 한 채 3개월을 지내야 하자 그녀의 아버지가 침대 밑에 이젤을 설치해 주었고, 그녀는 그림을 그리기 시작했다.

프리다를 웃게 만든 유일한 것

그녀를 절로 미소 짓게 만들 수 있는 게 있다면, 그건 아마 사랑스런 동물들이었을 것이다. 프리다는 늘 근엄한 표정을 지었지만, 자신의 거미원숭이 '풀랑 창'을 비롯한 많은 동물이 나오는 자화상을 그릴 때만큼은 누구보다 행복했다. 또한 그녀의 정원 안에는 재주 많은 앵무새와 새끼 사슴, 개 그리고 이국적인 많은 새들이 여유롭게 돌아다녔다.

41

에펠탑 안에 사람이 살았다는데 그게 정말일까?

2016년 휴가철, 임대 전문 기업이 에펠탑 1층 회의실을 방 2개짜리 아파트로 개조했고, 운 좋은 경연 우승자 4명이 그 곳을 하룻밤 자기 집처럼 쓸 수 있게 됐다. 그런데 그전에 거기에 실제로 살았던 사람이 있었다.

하늘의 안식처를 꿈꾸다

구스타브 에펠Gustave Eiffel은 건축가이자 토목 기사였다. 그는 프랑스혁명 100주년을 기

넘하기 위해 열린 1889년 만국박람회 행사의 하나로 오늘날 세계에서 가장 많은 사람이 찾는 관광 명소 중 하나인 에펠탑을 건설했다. 이 타워는 건설하는 데 2년 정도밖에 안 걸린, 그 시대 공학 기술의 개가였다. 원래 20년간 유지되게 설계된 타워지만, 에펠은 그 누구보다 자신이 전망을 즐기고 싶어 했다. 노트르담 대성당보다 3배나 높은 지상 270미터 위치의 탑 3층에 조그만 아파트를 만든 것이다. 짙은 색 목재와 무늬 있는 카펫 및 벽지로 장식되고 전형적인 파리 가정의 세간(그랜드 피아노도 있었다)까지 구비된 이 집은 에펠이 연구도 하고 즐거운 시간도 보낸 하늘의 안식처였다.

프라이버시의 대가

에펠의 아파트에 대한 소문이 새나가면서 그는 그걸 임대해 달라는 요청에 시달렸다. 모든 사람이 타워에서의 삶을 맛보고 싶어 했지만 그 대가가 워낙 비쌌다. 에펠의 은밀한 파티에 초대받은 몇 안 되는 행운아들은 다 영향력 있는 당대의 유명 인사들이었다. 미국 발명가 토마스 에디슨Thomas Edison도 그중 한 사

람으로, 그는 에펠과 함께 시가를 피면서 자신의 발명들에 대한 얘기를 나누었다. 그는 에펠에게 축음기까지 선물했다. 이 장면은 오늘날 방문객들이 볼 수 있게 복원된 아파트 공간 안에 밀랍 인형으로 묘사돼 있다. 이제 에펠과 함께 시간을 보낼 수는 없지만, 밀랍 인형으로 만든 에펠에게 건배할 수 있는 샴페인 바도 마련되어 있다.

가장 기념비적인 실험실

에펠탑은 원래 과학 연구용 센터로 설계됐다. 처음 제안에서 에펠은 이 타워가 기상 및 천문 관측에 얼마나 안성맞춤인지 설명했다. 아파트 안에는 그의 관심 분야인 바람, 공기 저항, 항공 등

을 연구할 수 있는 조그만 실험실도 있다. 에펠은 마지막 30년 동안 이 타워를 바람 저항 실험 등에 활용했으며 거대한 라디오 방송 안테나로도 활용했다.

57미터 높이의 화려한 휴식

2016년 UEFA 유로 2016 축구 토너먼트에 맞춰 열린 한 경연 대회에서 1층에 있는 구스타브 에펠 방이 축구를 주제로 한 인테리어로 치장되고 커다란 라운지와 도시형 온실, 침실 두 개가 들어가게 개조됐다. 이 아파트는 지상 57미터에 위치해 있어 방문객들은 파리 곳곳의 전경을 즐길 수 있었다. 이후 이 아파트는 다시 원래의 기능으로 복원되었다.

앤디 워홀은 왜
캠벨 수프 통조림을 그렸을까?

앤디 워홀Andy Warhol의 '캠벨 수프 통조림 (1962)'은 1960년대 팝 아트 운동은 물론 워홀 자신을 상징하는 작품이 되었다. 이 그림이 급부상하는 미국의 소비지상주의나 대량생산에 대한 경고든 아니든 관계없이, 한 가지 분명한 사실은 워홀이 캠벨 사의 수프를 아주 좋아했다는 것이다.

20년간 후루룩후루룩

워홀은 이런 말을 한 걸로 유명하다. "나는 늘 마셨습니다. 20년간 매일 똑같은 점심을 먹었죠." 자신이 1962년에 작품 소재로 선택한 캠벨 수프 얘기다. 그는 수프 통조림을 석판 인쇄하듯 그대로 캔버스에 투영해 작품을 만들었다. 32개의 캔버스는 일견 똑같아 보이지만, 캔버스 하나에 굴 스튜 맛, 치킨이 든 만두 맛, 핫도그 빈 맛 등 그해에 판매된 32가지 맛의 캠벨 통조림이 하나씩 들어 있다. 총 32점 중 5점이 100달러씩에 팔렸으나, 이 작품은 전부 한데 모아놓았을 때 더 가치 있다는 걸 깨달은 갤러리 주인이 되사들였다. 그는 결국 1996년에 1,500만 달러가 넘는 돈을 받고 이 작품을 뉴욕현대미술관에 넘겼다.

수뻬 드레스

워홀이 유명한 캠벨 수프를 작품화한 건 이뿐만이 아니어서, 그는 통조림을 주제로 한 다른 많은 작품도 만들었다. 그는 또 종이옷에 자신의 디자인을 인쇄했으며, 그걸 뉴욕 사교계 명사들이 입었다. 1965년 캠벨 수프 사는 새로 발견된 자신들의 매력을 십분 활용할 목적으로 종이옷인 '수뻬 드레스Souper Dress'를 만들었는데, 이 옷은 1달러에 수프 통조림 라벨 2장을 내면 살 수 있었다.

미술과 건축

ART AND ARCHITECTURE

머릿속 가득 미술과 건축에 대한 새로운 지식을 채웠나?
이제 퀴즈를 통해 새로 알게 된 내용을 제대로 소화시켜 보자.

Questions

1. 타지마할은 샤 마한 황제가 아끼던 코끼리의 무덤이다. 맞는가 틀리는가?

2. 1889년 파리 만국박람회를 위해 어떤 상징적인 타워가 건설됐는가?

3. 자유의 여신상 왕관의 7개 스파이크는 7대륙과 죽음에 이르는 7대 죄악 중 무얼 뜻하는가?

4. 가끔은 유화를 복원하는 데 물 대신 타액이 쓰인다. 맞는가 틀리는가?

5. 반 고흐는 신체의 어느 부위를 자른 걸로 유명한가?

6. 왜 달에서 중국의 만리장성을 볼 수 없는가?

7. 에드바르크 뭉크의 '절규'는 몇 가지 버전이 있는가?

8. 앤디 워홀은 하인즈와 캠벨 중 어떤 브랜드의 수프를 그린 걸로 유명한가?

9. 미켈란젤로의 '다비드' 상은 축구 선수 데이비드 베컴David Beckham을 모델로 삼았다. 맞는가 틀리는가?

10. 프리다 칼로는 캐나다나 미국 또는 멕시코 중 어느 나라 사람인가?

Answers

정답은 242페이지에서 확인하세요!

오페라 극장 지하에 정말
오페라의 유령이 있었을까?

셰익스피어 살아생전
가장 큰 성공을 거둔 연극은 무엇일까?

영국에서는 1576년 전까지는 배우들이 대학 공연장이나 개인 저택 또는 여관에서 공연을 했으나, 윌리엄 셰익스피어William Shakespeare가 지분을 갖고 있던 글로브Globe나 로즈Rose 같은 극장이 건설되면서 3,000명이 모여 앉아 볼 수 있는 연극 전용 공간이 마련되었다.

햄릿보다 인기 높았던 리처드 3세

오늘날에는 〈한여름 밤의 꿈A Midsummer Night's Dream〉, 〈햄릿Hamlet〉, 〈맥베스Macbeth〉, 〈로미오와 줄리엣Romeo and Juliet〉 등이 가장 인기 있고 가장 많이 공연되는 셰익스피어 연극이지만, 그가 살던 시대에는 사극이 가장 인기 있었다. 1590년대부터 1630년대 사이에 가장 많이 출간된 희곡은 11쇄를 찍은 〈헨리 4세Henry IV〉 1부와 10쇄를 찍은 〈리처드 3세Richard III〉였다. 셰익스피어는 당시 그리 멀지 않은 과거에 있었던 영향력 있는 역사적 인물과 사건들에 대한 희곡을 썼다. 예를 들어 리처드 3세는 1485년에 세상을 떠나, 장미 전쟁 종식과 강력한 튜더 왕조의 출발을 예고

했다. 자신의 중요한 후원자이기도 했던 엘리자베스 1세 또한 셰익스피어가 즐겨 다룬 역사적 인물이었다. 오늘날의 시청자들이 제1차 세계대전이나 빅토리아 여왕 시대의 드라마에 심취하듯, 16세기와 17세기 사람들도 셰익스피어 사극에 열광했던 것이다.

오늘날의 관객들은 역사 속 왕자는 잘 모를지 몰라도, 가상의 덴마크 왕자 햄릿이 한 말 "사느냐 죽느냐…… To be or not to be……"는 알 만큼 가장 유명한 셰익스피어 작품의 대사가 되었다. 셰익스피어가 죽은 지 400년도 넘은 지금, 〈햄릿〉은 심지어 〈스타 트렉Star Trek〉에 나오는 외계인 언어인 클링온어까지 포함해 75개 이상의 언어로 번역되었다.

맥주 한 잔보다 쌌던 연극표

연극은 거의 매일 오후에 공연되었다. 매주 2만 명 정도의 관객이 연극을 보기 위해 줄을 섰다고 하니 그 인기를 짐작할 수 있다. (당시 런던 인구가 약 25만 명이었던 것을 감안하면 대단한 수다.) 그 결과 연극은 공연 기간이 아주 짧고 금방금방

교체되어, 오늘날의 웨스트엔드나 브로드웨이 연극 같은 대히트작은 기대하기 힘들었다. 요즘 같은 대히트작은 없었지만, 그 당시의 관객들은 극장에 들어갈 때 또는 가끔 좋은 좌석을 잡으려 할 때 박스 안에 돈을 넣었고, 거기에서 '박스오피스box office'라는 말이 나왔다. 그리고 극장은 부자들만 가는 곳은 아니어서, 무대를 에워싼 야외 입석에서는 1페니만 내면 연극을 볼 수 있었다. 1페니라 하면 별거 아닌 거 같을 텐데, 맞다. 당시 1페니면 빵 한 덩어리 또는 맥주 한 잔의 3분의 2 정도밖에 못 샀다.

글로브 극장의 최후

관객들은 셰익스피어의 사극 10여 개에 열광했지만, 그의 마지막 작품인 〈헨리 8세Henry VIII〉의 경우 아주 특이한 방식으로 최종회를 맞이하게 된다. 이 작품은 1613년 글로브 극장에서 공연됐는데, 공연 도중 무대에서 쏜 대포로 인해 지붕에 불이 붙어 건물 전체가 붕괴되고 만 것이다.

왜 일본의 가부키 배우는 전부 남자일까?

가부키歌舞伎는 일본의 전통적인 무대 예술이다. 17세기 초에 생겨났으며 여성 댄서들의 공연에서 유래되었다고 전해진다. 그런데 희한하게도 오늘날의 가부키 배우는 전부 남성이다.

매춘부가 출연한 문란한 무대

'가부키'라는 말은 아주 특이한 복장을 하거나 쇼킹한 행동을 하는 사람을 가리키는 '가부키모노傾奇者'에서 온 것이다. 일본어 가부키歌舞伎의 세 글자는 '노래', '춤', '기술'을 뜻한다. 역사적으로 가부키라는 말은 이즈모 노 오쿠니라는 여성과 관련해 처음 등장한다. 그녀에 대해선 알려진 바가 별로 없으나, 여성 공연자들로 이루어진 극단을 이끌고 '가부키 오도리歌舞伎踊り'라는 춤을 만든 것으로 알려져 있다. 그 춤은 원래 서민들을 위한 것으로, 요란하고 화려하고 에로틱했다.

그러다 보니 가부키 공연에는 자연스레 매춘부들도 참여했다. 그들은 '요조 가부키妖女 歌舞伎'라 불렸으며, 이 공연은 곧 큰 물의를 일으켜 정부의 제재를 받게 되고, 1629년 여성의 공연 참여가 금지됐다. 그러자 곧 '와카슈 가부키若衆 歌舞伎'라 불리는 십대 소년들이 여성 역할을 대신했으나, 그럼에도 불구하고 이 공연과 관련된 매춘과 폭력은 멈추질 않았다. 1652년 정부는 그 십대 소년들의 공연마저 금했으나, 가부키의 인기가 워낙 높아 10년도 더 지나서야 그 효력이 발휘됐다.

성인 남자들만의 무대

그 이후 성인 남자들이 가부키의 모든 역을 맡게 된다. 그리고 관객들은 등장인물의 신체적 특징, 버릇, 의상, 분장 등을 보고 어떤 역인지를 알아본다. '구마도리隈取り'라 하는 이들의 분장 스타일은 아주 상징적이다. 등장인물이 악마나 귀신처럼 덜 인간적일수록 분장은 더 특이하다. 전통적으로 선한 인물들은 빨간색 분장을, 그들의 적은 파란색 분장을 하며, 갈색 분장은 도깨비나 악마 역이다.

하루 종일 계속되는 공연

2005년 가부키는 유네스코로부터 인류 구전 및 무형 유산 걸작으로 선정돼, 국제적으로 그 문화적·역사적 가치를 인정받는 공연 중 하나가 되었다. 가부키는 크게 두 종류, 즉 '교겐狂言'과 '부요舞踊'로 나뉜다. 전자는 역사적 사건이나 가상의 얘기에 기초한 줄거리가 있어 연극에 더 가깝다. 후자는 무용에 더 가까우며, 전통적인 서양 연극보다는 공연 중에 배우와 관객들 사이에 교감이 오가는 영국식 팬터마임에 더 가깝다. 그래서 관객들은 배우의 이름을 연호하며 박수를 치고, 배우는 자주 관객들 사이를 오가며 연기를 한다. 원래 가부키 쇼는 하루 종일 계속돼, 관객들은 대개 프로그램의 일부만 보게 되며, 마음 내키는 대로 아무 때나 들어가거나 나갈 수 있다.

"전통적으로 선한 인물은
빨간색 분장을,
그들의 적은
파란색 분장을 한다."

영화 출연료를 가장 많이 받은 동물 배우는 누구일까?

개는 훈련시키기 쉽고 사람을 즐겁게 해주며 사랑스러워 사람의 가장 좋은 친구다. 그래서 영화 초창기부터 영화에 자주 등장했다. 대부분의 개는 하루 출연해 봐야 몇 백 달러밖에 못 받지만, 영화계의 초창기 스타 개 중 하나는 많은 인간 동료보다 더 많은 출연료를 받았다.

사람보다 많은 출연료를 받은 스타 개

1939년도 영화 〈오즈의 마법사The Wizard of Oz〉에서 주디 갈랜드Judy Garland와 함께 도로시Dorothy의 충성스런 애완견 토토Toto 역을 맡았던 케언 테리어 종 테리Terry는 주당 125달러를 받았다. 당시 난쟁이족 먼치킨 Munchkin 역을 맡았던 배우들은 주당 50달러 정도 받았다. 인플레이션을 감안하면 테리는 당시 많은 미국인들의 수입보다 많은 주당 약 2,200달러를 벌었던 셈이다. 이 개는 영화 〈브라이트 아이즈Bright Eyes〉에서 셜리 템플 Shirley Temple과 함께 주연을 맡았고 조앤 크로포드Joan Crawford와 함께 〈내 친구의 사생활The Women〉에도 출연했다.

할리우드 정상에 선 재벌 개

테리가 할리우드에서 가장 많은 출연료를 받은 개는 아니었다. 잭 러셀 테리어 종인 무스Moose는 영화 〈마이 독 스킵My Dog Skip〉에서 주인공 개 스킵 역을 맡았다. 그러나 이 개가 가장 많은 출연료를 받은 건 TV 코믹 시트콤 〈프레이저Frasier〉에서 10년간 마티 크레인의 개 에디Eddie 역을 맡았을 때였다. 무스는 은퇴하면서 그 역을 자신의 새끼인 엔조Enzo에게 물려줬다. 무스는 한 에피소드당 만 달러씩 받

부루퉁한 표정 하나로

본명이 타르다르 소스Tardar Sauce인 그럼피 캣
Grumpy Cat은 전혀 새로운 유형의 애완동물 벼
락부자 중 하나다. 소셜 미디어와 유튜브 덕에 포
즈를 취해주고 가르랑거려 떼돈 버는 네 발 달
린 스타들이 탄생되고 있는 것이다. 심지어 자신
의 대리인까지 두고 있는 그럼피 캣은 데뷔 영화
〈그럼피 캣의 최악의 크리스마스Grumpy Cat's
Worst Christmas Ever〉 수입을 포함해 2년간 무려
1억 달러 가까운 돈을 자기 주인에게 벌어준 걸
로 알려져 있다. 가장 큰 재능이 뚱해 보이는 표
정인 고양이의 수입치곤 나쁘지 않다.

으며 11년간 거의 200편에 출연했다. 그러나
그렇게 번 200만 달러는 1930년대에 워너브
라더스와의 계약을 통해 린 틴 틴Rin Tin Tin이
번 돈에 비하면 껌값이다.

독일 셰퍼드 린 틴 틴은 개인 요리사를 두고
자신의 라디오 쇼가 있을 정도의 슈퍼스타
였다. 이 개는 〈라이트닝 워리어The Lightning
Warrior〉와 〈론 디펜더The Lone Defender〉를 비
롯한 28편의 어드벤처 영화에서 주연을 맡
았으며, 전성기 때는 주당 6,000달러를 벌었
다. 오늘날의 돈으로 환산하면 주당 무려 8만

7,000달러에 달한다.

박스오피스의 거물

연기로 떼돈을 번 동물은 고양이와 개뿐만이
아니다. 영화 제작자들은 그간 알래스카불곰
인 바트Bart를 비롯한 여러 거물급 동물 스타들
에게 막대한 돈을 지불했다. 바트는 영화 〈가을
의 전설Legends of the Fall〉에서 브래드 피트Brad
Pitt와, 〈디 엣지The Edge〉에서 안소니 홉킨스
Anthony Hopkins와 함께 등장해 출연료로 600
만 달러를 받았다. 바트는 태어나자마자 포획
돼 생후 5주 만에 자신을 훈련시킨 사람들에게
입양됐다. 다 자랐을 때 이 곰은 키가 거의 3미
터에, 체중이 670킬로그램이나 됐다.

가장 많은 영화를
제작하는 나라는 어디일까?

사람들은 영화 하면 미국 영화 제작의 메카인 할리우드를 떠올린다. 그러나 할리우드 영화가 지구 전체 박스오피스 수입의 66퍼센트, 그러니까 200억 달러 이상을 거둬가는 건 사실이나 영화를 가장 많이 제작하는 나라는 미국이 아니다.

제2, 제3의 할리우드 붐

인도 발리우드Bollywood 영화계는 20억 달러 정도밖에 못 벌어들이지만, 영화 제작 편수에 관한 한 그야말로 타의 추종을 불허한다. 매년 인도의 영화 제작사들은 1,500편에서 2,000편의 영화를 제작하고 있는데, 2015년 할리우드에서 제작된 영화는 691편에 지나지 않았다. 그리고 DVD와 VHS 판매까지 계산할 경우, 2위는 나이지리아의 날리우드Nollywood다. 2013년 나이지리아는 1,844편의 영화를 제작했다. 이 영화들 중 상당수는 극장에서 개봉되지도 못했지만, 총 규모 29억 달러인 이 나라 영화계에 크게 기여했다.

관객 수가 미국보다 10억 명이나 많은 인도

그럼 왜 영화 수입에 이런 격차가 생기는 걸까? 첫째, 미국의 경우 영화 상영관이 7,800명당 하나인데 반해 인도의 경우 9만 6,300명당 하나뿐이다. 둘째, 인도에선 수백만 장의 영화표가 팔리지만, 미국에 비해 표 값이 워낙 싸 영화계가 벌어들이는 돈이 적다. 예를 들어 2012년에 인도에서는 26억 장의 표가 팔려 미국에서보다 10억 장이나 더 팔렸지만, 인도 영화계의 매출액은 미국 영화계의 10분의 1밖에 안 된다. 게다가 인도에서는 영화가 40개 이상의 지역 언어로 만들어져, 틈새 관객이 더 많고 제작비도 더 많이 들지만 전국적인 블록버스터는 더 적다. 수출 역시 큰 요소다. 미국 영화들은 수입의 거의 75퍼센트를 해외에서 거둬들이지만, 인도와 나이지리아 영화는 수입이 거의 국내로 한정돼 있다.

앤드류 로이드 웨버Andrew Lloyd Webber의 뮤지컬 〈오페라의 유령The Phantom of the Opera〉은 파리의 소설가 가스통 르루Gaston Leroux의 소설을 토대로 한 것이다. 그 소설은 "오페라의 유령은 실제 존재했다"라는 문장으로 시작된다. 르루는 나중에 극장 안의 유령은 실재했고, 이 으스스한 이야기가 사실에 뿌리를 두고 있다고 말했다. (입증된 바는 없다.)

실재하는 지하 호수, 유령도 실재?

1910년에 발표된 르루의 고딕 로맨스 무대는 파리의 오페라 극장 팔레 가르니에였다. 그 건물 깊숙한 곳에 있는 지하 저장고 밑 지하 호수에 유령인 에릭Erik이 산다. 이 으스스한 지하 호수는 실재한다. 1861년 콘크리트 기초 공사 과정에서 이 오페라 극장이 세느강의 한 줄기 위에 자리 잡고 있다는 게 밝혀진다. 물을 다 퍼내려는 시도가 실패하자, 큰 석조 물탱크를 만들고 그 위에 조그만 쇠격자 창을 달았다. 압력 덕에 물이 더 이상 건물 기초 위로 올라오지 못하며, 물탱크는 건물을 안정시키는 데 일조하고 있다.

실제 샹들리에 사고에서 차용한 모티브

유명한 추리소설 작가가 되기 전에 르루는 일간지 〈르 마땡Le Matin〉에서 법정 출입 기자로 일했다. 1896년 5월 21일 그 신문의 톱기사 중 하나는 '한 여성의 머리 위로 떨어진 500킬로그램'이었다. 그 전날 저녁 팔레 가르니에에서 일어난 사고 소식이었다. 공연 도중 전기 문제로 관객들 머리 위에 매달린 샹들리에에서 360킬로그램짜리 평형추 두 개가 떨어져 한 여성이 죽고 두 사람이 다친 것이다. 소설 클라이맥스 부분에서도 에릭이 샹들리에를 떨어뜨려 사람들의 관심을 분산시킨 뒤 오페라 여주인공 크리스틴을 납치한다.

17세기 말 이후 영어권 나라에서는 배우를 가리키는 데 '테스피언thespian'이란 말이 쓰여 오고 있다. 기원전 534년 11월 23일 고대 그리스에서 이카리아의 테스피스Thespis of Icaria라는 시인이 사람들 앞으로 걸어 나와 디오니소스Dionysus의 대사를 읊은 데서 유래한 말이라 한다. 그렇게 함으로써 그는 공식적으로 세계 최초의 배우가 되었다.

테스피스의 코러스 라인

테스피스는 그리스 코러스의 리더로 공연을 이끌고 있었다. 코러스는 12~50명으로 이루어진 합창단으로, 특수 복장과 마스크를 한 채 디티람보스dithyramb라 불리는 찬가를 합창했다. 이 공연은 술과 풍요와 연극의 신인 디오니소스를 기리는 아테네의 봄 축제인 디오니소스 축제의 일부였다. 이때 사람들은 제물로 바칠 황소와 포도주와 디오니소스 조각상을 끌고 거리를 지나 아크로폴리스 언덕 밑 신전까지 행진을 했다. 이 축제에서는 노래와 시, 춤 경연도 펼쳐졌는데, 테스피스는 그 경연의 우승자 중 하나로 전해지고 있다.

공연을 연극으로 발전시킨 군계일학

테스피스가 그리스 연극 발전에 기여했다는 것에 대해서는 학자들 사이에 이견이 있으나, 그가 프롤로그와 독백을 도입해 처음으로 비극 합창 공연에 대사를 가미함으로써 연극 형태를 완전히 탈바꿈시켰다고 말하는 학자들도 있다.

> "17세기 말 이후 영어권 나라에서는 배우를 가리키는 데 '테스피언'이란 말이 쓰여 오고 있다."

카메라에 담을 수 없을 만큼 빠른 펀치가 정말 가능할까?

브루스 리Bruce Lee(이소룡)는 TV 시리즈물 '그 린 호넷The Green Hornet'에서 조수 가토Kato 역으로 처음 중요한 배역을 맡았다. 영화 제작 자들은 롱비치에서 열린 국제 가라테 챔피언 전에서 선보인 그의 무술 실력에 완전히 매료 됐다. 그러나 그들은 그가 너무 빨라 필름에 담기 힘들 정도라는 사실은 미처 생각 못했다.

필름에 담을 수 없는 속도

가토 역을 맡은 브루스 리가 전속력으로 몸 을 움직이는 원래의 장면을 보면, 적들이 나뭇 잎처럼 쓰러지는 가운데 그는 가만히 서 있는 것처럼 보인다. 그의 펀치가 너무 빨라 그 시 대의 카메라로는 포착할 수가 없었던 것. 그 래서 리에게 펀치 속도를 늦춰 달라고 요청해 주먹의 움직임이 필름에 잡히게 했고, 관객들 이 펀치 동작을 인지할 수 있게 추후 편집까 지 했다. 그러니 얼마나 빨랐겠는가! 리는 〈맹 룡과강The Way of the Dragon〉, 〈용쟁호투Enter the Dragon〉 등의 영화에서 자신의 무술 실력 을 과시하며 스타덤에 올랐다

말 그대로, 눈 깜짝할 사이

리의 속도는 전설적이다. 그가 32세란 젊은 나이에 연기 경력도 제대로 꽃 피워보지 못한 채 죽어 더 그렇다. 그는 한 파티에서 한 사람 의 손에 있는 동전을 상대도 모르는 새에 잽 싸게 채가는 이벤트를 선보이기도 했다. 리 는 몇 발 떨어진 데 서서, 아무것도 모르는 사 람에게 자신이 움직이는 걸 본 순간 손바닥에 있는 동전을 쥐어보라고 말했다. 그 사람이 잠 시 후 자기 손을 내려다보면 동전은 다른 동 전으로 바뀌어 있고, 리는 어느새 그의 동전을 손에 쥔 채 원래 있던 자리로 돌아가 있었다. 눈 깜짝할 사이에 너무 많은 일이 일어난 것 이다.

할리우드 산등성이의 표지판은
누가 만들었을까?

29

전 세계에 널리 알려진 할리우드 표지판은 이제 번영하는 로스앤젤레스 영화계의 상징이 되었다. 그러나 1923년에 처음 세워졌을 때 이 표지판은 할리우드랜드 Hollywoodland라는 새로운 부동산 개발업체의 아주 비싼 광고판이었다. 14미터 높이의 원래 표지판에는 끝에 'land'라는 말이 붙어 있었고, 4,000개의 전구가 빛을 발하고 있었다.

할리우드의 탄생

할리우드는 1887년 캘리포니아의 한 구역으로 탄생됐다. 지명의 유래는 확실치 않으나, 이 구역 설립자 중 한 사람이 열차 안에서 한 여자를 만났는데 그녀의 여름 별장 이름이 할리우드였다는 설도 있고, 할리우드가 빨간 열매가 열리는 이 지역의 장미과 상록 관목 '캘리포니아 홀리'를 가리킨다는 설도 있다. 이곳에 첫 영화 제작사가 문을 열기 1년 전인 1910년, 할리우드는 로스앤젤레스와 합쳐졌다.

대공황에 맞닥뜨린 대박의 꿈

〈로스앤젤레스 타임스〉의 발행인 해리 챈들러Harry Chandler와 그의 동업자들은 값비싼 부동산 개발 광고에 2만 1,000달러(지금의 23만 5,000달러)를 썼다. 할리우드는 급속도로 발전 중이었고, 그는 부동산으로 대박을 터뜨리고 싶었다. 노새들이 짐을 싣고 오르는 산등성이의 네온사인 광고판은 분명 큰 도박이었겠지만 그 값을 했다. 개발 사업이 시작되면서 챈들러의 신문은 미국 최초의 산비탈 주택가 개발이라고 떠들어댔고, 아이들을 언제까지 대도시의 위험에 노출시킬 거냐면서 빨리 할리우드랜드로 오라고 부추겼다. 곧 120명의 구매자가 계약서에 서명했다. 그러나 꿈이 쉽게 이뤄지지는 않았다. 1920년대 말에 대공황이 닥쳤고, 동업자들의 다른 투자처들이 대박을 치면서 이곳 개발 프로젝트가 돌연 중단된 것이다.

수차례에 걸친 성형수술

많은 할리우드 스타들과 마찬가지로, 이 할리

우드 표지판 역시 그간 몇 차례 성형수술을 받았다. 18개월만 쓸 목적으로 만들어진 처음 표지판은 가로, 세로 각 3미터, 1미터로, 전신주와 전선, 파이프 등으로 만들어진 임시 가설물이었다. 임시 용도로 만들어져 늘 유지 보수가 필요했으며, 할리우드랜드의 꿈이 무너져버린 대공황 시기에는 유지 보수도 중단됐다. 그리고 한동안은 H자가 떨어져나가 OLLYWOODLAND로 보이는 수모도 겪었다. 그러다 1949년 할리우드 상공회의소가 발 벗고 나서, 끝부분의 네 글자 LAND를 뺀 뒤 전면적인 복구 작업이 이뤄졌다.

세계 톱스타들이 관리하는 땅

할리우드 유명인들은 그간 이 표지판을 잘 유지하는 것을 자신의 일로 받아들여 왔다. 1978년에는 앨리스 쿠퍼Alice Cooper, 앤디 윌리엄스Andy Williams, 〈플레이보이Playboy〉 설립자 휴 헤프너Hugh Hefner 등이 2만 8,000달러씩 갹출해 표지판 교체 작업비를 댔다. 강철 발판 위에 보다 튼튼한 새 표지판을 세우는 데 3개월이 걸렸고, 그 기간에는 표지판 없이 지내야 했다. 이 표지판이 서 있는 땅은 2010

년 또다시 톰 행크스Tom Hanks, 노먼 리어 Norman Lear, 월트 디즈니Walt Disney 사 같은 유명인과 기업들이 갹출해 매입했으며, 현재는 로스앤젤레스 시 소유다. 아이러니한 일로, 1,250만 달러 가치를 지닌 이 표지판 일대의 금싸라기 땅은 원래 개발을 위해 광고를 하던 땅이었지만 이제 개발로부터 안전하다.

30

브로드웨이 밖에서 공연되는
브로드웨이 쇼가 있다?

극장 하면 사람들은 '브로드웨이Broadway'를 떠올린다. 또 브로드웨이 하면 흔히 코러스 라인, 화려한 극장, 사치스런 공연 이미지를 떠올린다. 브로드웨이라는 말은 1800년대 말과 1900년대 초 최초의 웅대한 극장들이 들어선 뉴욕 시 맨해튼 중심지에 있는 거리 브로드웨이에서 온 말이다.

브로드웨이에 안부를 전해주오

어떤 쇼가 '브로드웨이 쇼'로 여겨지기 위해선 꼭 브로드웨이 거리에 위치한 극장에서 공연되어야 하는 건 아니다. 일반적으로 브로드웨이라는 말은 좌석 수가 499석이 넘는 브로드웨이의 41개 극장을 가리킨다. 쇼의 규모를

가리키는 데 처음 브로드웨이란 말이 쓰인 20세기 초에는 많은 극장이 브로드웨이에 있었으나, 오늘날에는 '브로드웨이' 극장 네 곳만이 브로드웨이 주소지를 갖고 있고, 나머지 상당수는 브로드웨이와 교차하는 골목길에 위치해 있다.

브로드웨이 문턱을 넘는 오프-브로드웨이 작품

만일 어떤 쇼가 좌석 수 99개에서 499개인 극장에서 공연된다면, 오프-브로드웨이Off-Broadway 작품으로 간주된다. 이런 극장들은 대개 그리니치빌리지와 어퍼웨스트사이드에 위치해 있다. 그리고 99석 이내의 극장들은 오프-오프-브로드웨이 극장으로 간주된다. 이런 쇼들은 대개 보다 실험적인 쇼이며, 브로드웨이 쇼는 대개 많은 예산이 들어가는 뮤지컬이다. 가끔은 오프-브로드웨이 쇼로 시작된 쇼가 소규모 극장에서 관객을 끌어 모으면서 브로드웨이 쇼가 되기도 한다. 최근의 예가 〈해밀턴Hamilton〉의 대성공인데, 이 뮤지컬은 오프-브로드웨이 작품으로 6개월 매진 행진을 벌인 뒤 브로드웨이 극장으로 옮겨갔다.

영화와 연극

FILM AND THEATRE

쇼 비즈니스만한 비즈니스는 없다. 또한 엔터테인먼트만큼 사람들의 큰 사랑을
받는 것도 없다. 자, 이제 당신이 스타라는 걸 입증할 기회다.

Questions

1. 영화 〈오즈의 마법사〉에서 토토 역을 맡은 개는 주디 갈랜드보다 더 많은 출연료를
   받았다. 맞는가 틀리는가?

2. 1652년 이후로는 어떤 사람들이 일본의 전통적인 가부키를 공연해오고 있는가?

3. 〈헨리 8세〉와 〈맘마미아!Mamma Mia!〉, 〈캣츠Cats〉 중 어떤 연극을 공연할 때 원래
   의 글로브 극장이 불에 타 무너졌는가?

4. 〈오페라의 유령〉은 유럽 어떤 도시의 오페라 극장이 무대인가?

5. 나이지리아의 영화계는 어떤 이름으로 알려져 있는가?

6. 브루스 리가 출연한 이 영화의 영어 제목을 완성하라. Enter the _____.

7. 할리우드 표지판은 원래 부동산 개발을 광고하기 위한 것이었다. 맞는가 틀리는가?

8. 이카리아의 테스피스는 최초로 무엇을 한 사람인가?

9. 뉴욕의 '브로드웨이' 극장은 전부 다 브로드웨이 거리에 있는가?

10. 〈햄릿〉은 심지어 〈스타 트렉〉의 클링온어로도 번역됐다. 맞는가 틀리는가?

Answers

정답은 243페이지 참조.

고대 이집트에서 혼전계약서를 썼다는데 사실일까?

31

잉카인들은 어떻게
그 높은 곳에 마추픽추를 건설했을까?

해발 2,400미터인 아마존 유역 안데스 열대 산악림에 자리 잡은 마추픽추는 경이로운 15세기 건축물이다. 그렇게 높은 고도에 돌로 된 요새를 건설하기로 했다는 게 이상해 보일 수도 있지만, 사실 그 산꼭대기에는 화강암 채석장이 있었다.

첫 번째 돌을 자르기 전에 완성된 설계
유네스코 세계유산으로 지정된 역사적인 성소 마추픽추는 그 시대의 전형적인 잉카 스타일로 건설됐다. 산꼭대기에 건설된 이 라 시우다델라La Ciudadela, 즉 요새는 총면적이 32만 5,920제곱미터에 달한다. 요새는 채석장에서 첫 번째 화강암 조각을 잘라내기 전에 이미 전체가 완벽하게 계획됐다. 요새를 이곳에 건설하게 된 게 채석장 때문만은 아니었다. 성스러운 장소(잉카인들은 이곳이 태양신에 가깝다고 믿었다)인데다가 전망이 좋고 가까이에 물 공급원인 샘이 있는 것도 이유가 됐다.

산을 움켜쥐고 있는 마법의 계단
이 요새는 기반 공사가 아주 잘 되어 있었다. 잉카인들은 이곳이 많은 비(연간 2미터)와 건설 계획 중인 구조물의 무게를 견딜 수 있어야 한다는 걸 잘 알았다. 그들은 우선 600개 이상의 테라스(그 대부분이 지하에 숨겨져 있었다)를 지탱할 수 있게 기반을 깊이 팠다. 옹벽은 안쪽으로 기울어지게 해 테라스를 안정감 있게 잡아주었고 요새가 산에서 쓸려나가는 걸 막아주었다. 또한 옹벽은 큰 바위와 작은 바위, 모래자갈, 표토를 겹겹이 채워 테라스에서 빗물과 지하수가 잘 빠져나가게 했다. 전형적인 테라스는 높이 2미터에 너비 3미터로 건설됐다. 테라스는 마치 발톱처럼 산을 움켜쥐고 있어

400년간 방치됐음에도 놀라울 만큼 잘 보존되어 있다. 이 테라스는 고립된 사회를 먹여 살릴 농작물 경작지이기도 했다.

모든 것이 바위, 바위, 바위

수많은 신전, 600개의 테라스, 16개의 분수, 그리고 수천 개의 계단 등 200여 가지 구조물을 건설하기 위해 수십만 개의 돌이 사용됐다. 인근 여러 채석장에서 온 이 돌들은 무게가 13톤에 이르기도 했다. 동력 장치 같은 현대적인 장비는 물론 동물이나 바퀴 달린 수레조차 없는 상황에서, 잉카인들은 지렛대를 지혜롭게 사용했으며 바위 밑에 통나무를 깔아 함께 밀고 갔다. 그들에게는 흙으로 만든 경사로도 있어 바위를 언덕 위로 옮기는 데 활용했다.

잉카인들에게는 철 연장이 없었고, 그래서 돌 망치를 이용해 바위를 조각함으로써 오늘날의 기술에 필적할 만한 돌 세공 기술을 선보였다. 보다 큰 바위를 쪼개는 데는 목재 쐐기 기법이 사용된 걸로 전한다. 그러니까 바위에 구멍을 뚫은 뒤 거기에 젖은 나무를 집어넣으면, 나무 속의 수분이 얼면서 팽창해 바위가 쪼개지는 것이다. 잉카인들은 회반죽 없이도 벽을 튼튼하게 만드는 방법을 잘 알고 있었다. 모든 바위는 정확하게 쪼개졌으며, 서로 맞물리게 홈을 파는 경우도 많았다.

로마 황제는 어떻게
그 많은 독살 위험을 피해 갔을까?

로마의 적이었던 폰투스의 왕 미트리다테스 6세(기원전 120~63) 시대 이래로 로마 황제들은 스스로 정기적으로 독을 먹어 면역력을 키워 독살 위협에 대비했다. 그러니 독살로 그들을 암살한다는 건 아주 힘든 일이었다.

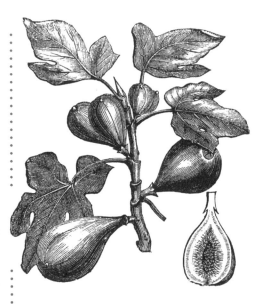

암살에는 어떤 독이 쓰이나

로마인들은 살기등등한 시대를 살았는데(그렇다고 대량 독살 같은 건 없었지만), 특히 부유하고 강력한 통치자들은 더더욱 위험한 삶을 살았다. 딱정벌레에서 나오는 칸타리딘이나 수은 또는 비소 같은 동물 및 광물 독도 종종 쓰였으나, 경쟁자를 죽이는 가장 흔한 방법은 식물 독을 쓰는 것이었다. 치명적인 벨라도나에서 나오는 벨라돈나제(환청과 경련을 야기하는 독), 바곳에서 나오는 아코나이트(대량 투입하면 즉사할 수 있다), 독미나리(중추신경계를 건드려 발작이나 호흡부전 야기) 등이 그 대표적이다.

최강의 해독제 레시피

미트리다테스 6세는 당대의 가장 위대한 왕 중 한 사람으로, 25개 언어를 구사했다고 한다. 그는 약에 아주 관심이 많아 여러 해독제를 개발했는데, 그의 해독제에는 오리 피 같이 특이한 성분들이 포함되곤 했다. 많은 독성 물질로 이루어진 한 해독제는 그의 이름을 따 미트리다티움이라 불렸고, 그의 후계자들도 애용했다. 전문가들도 이 해독제 성분을 정확히 알지 못하지만, 로마의 작가 플리니우스Plinius가 남긴 레시피에 따르면 견과류 2개, 무화과 2개, 허브 루의 잎사귀 20장, 소금 한 자밤(꼬집)이 들어갔으며, "이 해독제를 복용한 사람은 그 당시의 모든 독을 해독할 수 있었다"고 한다.

아즈텍인들에겐 건강을 유지하는 특별한 운동이 있었다던데?

스스로를 '멕시카'라 불렀던 아즈텍인들은 현재의 중앙아메리카에 살았으며, 놀라운 건축 기술을 갖고 있었고, 천연두로 멸망했다고 알려져 있다. 그러나 그들은 아이들에 대한 의무교육도 실시했고 세무 기록을 유지했으며 정교한 예술 세계와 자신들만의 대중 스포츠를 즐기는 등 고도로 발달된 문화와 풍습을 갖고 있었다.

링 2개로 하는 게임

멕시카인들이 새로운 곳에 정착할 때 제일 먼저 만든 것 중 하나는 '틀라츠틀리(마주 보는 두 벽이 있는 코트로, 그 안에서 '울라말라츨리' 게임이 치러졌다)'였다. 두 벽에는 6개의 핀이 있는 링이 있어, 두 팀 선수들이 '울리'라는 고무공을 그

링 안에 집어넣는 게임이었다. 핀을 넘어뜨리면 점수가 주어졌고, 먼저 공을 링 안으로 집어넣는 팀이 이기는 것이었다. 그러나 선수들은 무릎과 팔뚝, 머리, 발, 엉덩이, 팔꿈치로만 공을 움직여야 하고 두 손과 종아리는 쓰면 안 돼, 공을 링 안으로 넣는 게 쉬운 일이 아니었다. 멕시코 일부 지역들에서는 지금도 이 고대 스포츠와 아주 비슷한 '울라마'라는 게임을 한다.

돌 주사위를 굴리는 도박

좀 더 정적인 게임으로는 '파톨리'가 있었다. '파치시'나 '루도' 같은 오늘날의 주사위 게임과 비슷한 이 게임은 십자가 모양의 보드, 팥으로 된 패들, 돌 주사위를 사용하는 운과 기술이 필요한 게임으로, 귀족과 서민 모두에게 인기 있었다. 게임의 목표는 자신의 패들을 보드 한쪽 끝에서 다른 쪽으로 옮기는 것이며, 동시에 여러 사람이 즐길 수 있다. 도박이 성행해, 어떤 사람들은 도박 빚 때문에 노예가 되기도 했다.

고대 그리스 올림픽에는 어떤 스포츠 종목들이 있었을까?

고대 올림픽 경기가 처음 열린 시기는 기원전 776년까지 거슬러 올라간다. 경기는 원래 그리스 남서부의 올림피아에서 4년마다 열렸으며, 선수들은 여러 지역에서 몰려왔다. 최초의 올림픽은 단 하루만 진행되었고 단거리 경주 한 종목만 치러졌다.

마차 경주에서 레슬링까지

시간이 지나면서 점점 더 많은 종목이 추가됐다. 기원전 396년과 서기 1세기 사이에는 경기 일정이 5일로 늘어 개막식과 폐막식도 생겼고, 100마리의 황소 대량 살육이나 신화 속 영웅의 장례식, 기도의 날 행사 등도 치러졌다. 스포츠 종목이 많았지만 팀 경기는 없어 모두 개인 자격으로 경쟁했다. 20명이 나란히 뛸 수 있는 넓은 트랙에서 거리별의 달리기, 레슬링, 복싱, 경마와 마차 경주는 물론 달리기, 멀리뛰기, 원반던지기, 투창, 레슬링으로 이루어진 5종 경기 등이 치러졌다. 가장 거친 스포츠 중 하나는 판크라티온으로, 레슬링과

복싱이 합쳐진 원시적인 형태의 무술이었다. 상대를 물거나 눈을 찌르는 건 금지됐지만 대체로 자유로운 경기로 아주 거칠어지곤 했다.

상금으로 무얼 받았을까?

고대 올림픽 경기는 1896년에 시작된 현대 올림픽의 모태가 되었다. 등수에 따라 금, 은, 동 메달을 받는 오늘날의 선수들과는 달리, 고대 그리스 올림픽 선수들은 '올림피오니케 Olympionike' 즉, 각 종목의 단독 우승자가 되기 위해 경쟁했다. 우승자들은 각 경기 종목이 끝나자마자 심판으로부터 종려잎을 받았다. 관중들의 박수갈채 속에 꽃 세례가 이루어졌고, 우승자의 두 손과 머리에 빨간 털실을 매주었다. 모든 경기가 끝나면 제우스 신전 안에서 공식 시상식이 거행되었다. 모든 우승자의 머리엔 '코티노스kotinos'라는 올리브 가지 관이 씌워졌다.

오늘날의 우승자들이 올림픽이 끝난 뒤 귀국하면 개선 행진을 하고 푸짐한 포상을 받듯, 그리스의 올림피오니케들 역시 귀국 후 자신들의 도시국가에서 영웅 대접을 받았다. 그들을 찬양하는 노래가 만들어졌고, 한 선수가 세종목에서 우승할 경우 조각가에게 의뢰해 자신의 성공을 기리기 위한 조각상을 제작할 수 있었다. 도시국가들은 여러 가지 특혜를 주는 등 우승자들을 후원했는데, 그건 그 영웅들이 올림픽에서 거둔 쾌거가 조국에 큰 영광을 안겨주었기 때문이다.

제우스에게 바쳐진 평화

오늘날의 경기와 마찬가지로 고대 경기는 힘과 지구력의 싸움이었지만, 고대 그리스인들에겐 종교적인 의미도 컸다. 도시국가 올림피아의 왕인 이피토스는 신들의 분노를 누그러뜨리고 그 지역에 평화를 가져오기 위해 올림픽을 만들었다. 올림픽은 신들의 왕인 제우스를 기리기 위한 것이었다. 그리고 어떤 의미에서 평화는 이 경기의 큰 부분이었다. '에케케이리아 Ekecheiria' 즉, '올림픽 휴전'은 도시국가들이 한 달간 싸움을 중단하는 것으로, 그 덕에 그리스 전역에서 모여드는 4만 명 가까운 선수와 관중, 상인들은 안전하게 여행해 이 경기에 참석할 수 있었다.

가장 오래된 인권 선언은 무엇일까?

대영박물관에는 키루스 실린더라는 물건이 있다. 기원전 539년에 만들어진 것으로, 아케메네스 왕조를 연 페르시아의 키루스 대왕 이름에서 따온 물건이다. 최초의 인권 선언문이라고 할 만한 이 고대 유물 안에는 오늘날 우리가 누리고 있는 자유의 토대가 된 시민의 권리가 적혀 있다.

인권 선언의 효시, 키루스 실린더

점토를 구워 만든 이 실린더는 전설적인 도

시 바빌론에 무혈입성한 키루스 대왕의 명령으로 만들어진 것으로 전한다. 모든 건 바빌로니아 언어로 쓰여 있으며, 바빌로니아의 신 마르두크가 국민들을 강제 노역에 동원한 바빌로니아의 마지막 왕 나보니두스 대신 키루스를 바빌로니아의 왕으로 선택한 이야기가 적혀 있다. 또한 키루스가 어떻게 공정하고 평화로운 통치를 했으며 강제 노역을 폐지했고 또 추방됐던 사람들을 다시 불러들였는가 하는 이야기가 적혀 있어, 많은 사람들이 이 실린더를 이후에 나온 인권 선언들의 효시로 보고 있다.

거의 모든 법의 토대, 마그나 카르타

키루스 실린더가 나오고 여러 세기 후에 나온 마그나 카르타Magna Carta의 조항들은 세계인권 선언문 등 이후에 나온 많은 법과 헌법과 헌장의 토대가 되었다. 1215년 영국의 존 왕 King John에 의해 공포되어 13세기를 거치면서 수정된 마그나 카르타는 만민이 법의 지배를 받는다거나 모든 자유인은 공정한 재판을 받을 권리가 있다는 등 중요한 원칙을 담고 있다.

진시황은 얼마나 많은 비밀을
무덤까지 가져갔을까?

중국 산시성 리산의 북쪽 자락에는 중국 최초의 황제 진시황의 무덤이 있다. 1974년 우물을 파던 농부들이 발견한 세계 최대 규모의 이 호화 무덤에는 중앙 봉분을 중심으로 약 600개의 개별 발굴 현장이 있다.

무덤이라기보다 지하 도시

고고학자와 역사학자들은 57제곱킬로미터에 달하는 이 지하 도시를 건설하기 위해 제국 각지에서 온 노동자들이 거의 40년간 쉴 새 없이 일했을 것이라고 추산하고 있다. 현재까지 발굴된 현장들을 보면 기원전 210년 39세의 나이로 죽은 진시황 주변에는 사후에 필요한 모든 것들이 테라코타와 청동 형태로 묻혀 있다. 스타일과 표정이 제각각인 2,000여 테라코타 병사들은 총 8,000명 규모의 테라코타 군대의 일부로 파악되고 있다. 고고학자들은 힘들게 발굴한 한 지역에서 말과 마차와 무기도 찾아냈다. 구덩이 안에는 첩들이 묻혔을 걸로 보이며 정교한 궁전은 아직 발굴 전이다.

봉분 속 두 개의 수은 강

그러나 평지에서 51미터나 솟아 있는 봉분 그 자체의 비밀은 여전히 미스터리로 남아 있다. 중국 정부는 그 부장품을 제대로 보존할 수 있는 기술이 나올 때까지 기다릴 것으로 보인다. 앞서 테라코타 병사들을 발굴하는 과정에서 칠이 벗겨진데다가, 무덤 안에 들어갈 사람들의 안전도 생각해야 하기 때문이다. 무덤 안에 양쯔강과 황허강을 상징하는 2개의 수은 강이 있고 침입자를 향해 화살을 쏘는 장치도 있다는 역사학자 사마천의 글이 전하고 있기 때문이다.

로마인들은 어떻게 죽음을 대낮 여흥거리로 만들었을까?

로마인들은 구경거리를 좋아했으며, 그들의 통치자들이 여는 공개적인 쇼를 특히 좋아했다. 그래서 로마 황제들은 그 유명한 콜로세움과 키루쿠스 막시무스 같은 거대한 원형 경기장을 지어, 거기서 동물 사냥과 공개 처형은 물론 심지어 많은 인명 피해가 발생하는 해전까지 벌였다.

잔혹한 운명의 루디 메리디아니

정오가 되면 로마 제국의 원형 경기장 안에서는 동물 사냥(베나티오네스)과 검투사 싸움 사이에 '루디 메리디아니ludi meridiani'라는 공개 처형이 열렸는데, 사회 통제에 꼭 필요한 의식 정도로 여겨졌다. 이 공개 처형은 사람들에게 권력이 살아 있음을 보여줬다. 사형수들은 이 쇼에서 다양한 방식으로 끔찍한 최후를 맞이하는 불행한 '연기자들'이었다. 사형 선고를 받은 그들은 몸의 일부만 가리거나 완전히 벌거벗은 채 또는 쇠고랑을 찬 채 경기장 안으로 끌려 나와 자신의 운명을 맞아야 했다. 이 공개 처형은 야수에게 잡아먹히거나 사형 집행인에게 죽임을 당하거나 죄수들끼리 죽을 때까지 싸우는 형태로 끝났다. '운명 흉내 내기' 처형의 경우 불행한 죄수들은 신화 속 이야기를 재연하며 죽음을 맞아야 했다.

모의 전투 그러나 진짜 죽음

'나우마치아naumachia'는 일종의 모의 해전으

로 로마인들에게조차 극단적인 구경거리였다. 이 대규모 재연극은 많은 돈을 들여 콜로세움 안에 특별히 제작한 인공 강이나 바다 안에서 열렸다. 기원전 2년 아우구스투스 황제 때 열린 나우마치아에서는 30척의 배를 동원해 살라미스 해전을 재연, 3,000명의 남자들이 죽을 때까지 싸워야 했다. 당시 폭과 길이가 136미터에 357미터쯤 되는 인공 바다(축구장 약 5개의 길이)에 약 35만 2,000세제곱미터의 물을 채워 넣었을 것으로 추정된다. 올림픽 규격의 수영장 100개 이상을 채울 수 있는 양의 물이니 그 규모를 짐작할 만하다.

이 모의 해전에서 노 젓는 사람과 병사 역을 맡은 남자들은 대개 전쟁 포로나 죄수들이었다. 기원전 46년 줄리어스 시저가 개최한 또 다른 모의 해전에서는 이집트인과 티리안인 복장을 한 노 젓는 사람 4,000명과 병사 2,000명이 참여했다. 역사적인 사건을 흉내 낸 모의 해전이었으나 전투는 진짜였다. 로마 관중들을 즐겁게 해주기 위해 수천 명이 전투 도중에 또는 물에 빠져 죽었다.

공포의 전차

명예와 영광에 관심 있는 로마인들은 전차 경주를 보러 갔다. 검투사들은 관중들에게 인기는 있었지만 매춘부나 배우와 마찬가지로 사회적 신분은 낮았다. 그러나 전차를 모는 사람들은 영웅 대접을 받았고 로마 전역에서 명성을 날렸다. 그러나 그건 살아남았을 때의 얘기였다. 전차 경주는 아주 위험해, 마차 모는 사람 4명이 두 마리 혹은 네 마리의 말을 동시에 통제하며 트랙을 전력 질주했다. 그들은 말고삐를 두 손목에 단단히 조여매, 충돌 사고가 나면 그걸 끊어 뒤에 달려오는 마차에 짓밟히는 위험을 무릅쓰든가 아니면 자신의 말과 함께 계속 목숨 건 경주를 벌이든가 신속한 결정을 내려야 한다. 그러니 경주 도중 많은 사람들이 목숨을 잃는 건 당연했다. 마차 경주 도중 죽은 사람들의 묘비에 적힌 평균 나이는 22세밖에 안 된다.

마야인에게 미의 기준은 옥수수였다는데 그건 대체 무슨 말일까?

지금도 대부분의 부모들은 자신의 아기에게 최신 유행하는 옷이나 액세서리 같은 걸 사주기 위해 돈을 아끼지 않는다. 그러나 그건 고대 마야인 부모의 자식 사랑에 비하면 아무것도 아니다. 그들은 자식을 유행에 앞서가게 하려고 머리 모양은 물론 시선까지 바꿨다고 한다.

옥수수처럼 뾰족한 두개골

아름다움에 대한 마야인의 생각은 종교적 믿음에 깊이 뿌리내리고 있었다. 옥수수의 신인 윰 카악스는 마야인에게 옥수수가 끝으로 가면서 좁아지듯 그렇게 경사진 모양의 이마를 동경하게 만들었다. 그리고 그렇게 경사진 머리 모양은 유전적 특징이 아닌 인위적인 두개골 변형을 통해 만들어졌다. 아기의 두개골은 비교적 부드러워 태어날 때 산도를 안전하게 통과할 수 있다. 마야인은 이 특징을 이용했다.

그들은 신생아의 머리 뒤쪽에 목판을 하나 대고 머리 꼭대기에서부터 앞으로 경사지게 또 하나의 목판을 댔다. 그리고 꼭대기에서부터 댄 목판의 각도를 며칠 동안 서서히 줄여 원하는 머리 모양을 만들었다. 매장지에서 나온 해골들을 분석해본 결과 마야 인구의 90퍼센트 가까이가 유아 때 이런 과정을 거친 것으로 드러났다. 호주와 바하마 제도, 독일에서 발견된 두개골에 대한 연구에도 비슷한 내용이 있다. 고대 문명 세계에서 아기의 머리 모양을 바꾼 건 마야인뿐만이 아니었던 것이다.

아이의 눈을 사시로 만들어?

정말 헌신적인 마야인 부모의 경우 머리 모양 외에 신경 쓰는 게 또 있었다. 마야인이 아주 좋아한 또 다른 외모상의 특징은 약간 사시인 눈이었다. 사시 눈을 만들기 위해 부모들은 부드러운 작은 공이나 작은 돌을 아이의 머리카락에 묶어 그걸 얼굴 중심에 놓이게 했다. 그 때문에 시간이 지나면 아이들의 눈은 사시가 되어 갔다.

치아에 보석 끼워 넣기

아름다움 때문에 고생하는 건 아이들뿐만이 아니었다. 많은 마야인은 치아를 갈아 뾰족하게 만들거나 T자로 만들었다. 이 또한 옥수수 모양과 관련이 있다. 치아를 옥수수알 모양으로 만들려 한 것이다. 아이들이 자라 성년이 되면 빛나는 미소를 지어 보일 수 있는 정도의 부가 있어야 했다. 빛나는 미소를 만드는 것은 흔히 생각하는 미백이 아니라 보석이었다. 치아 앞에 구멍을 뚫어 옥, 흑요석, 적철석 같은 보석을 끼워 넣었던 것이다. 그 보석은 식물 접착제로 치아에 고정시켰는데, 워낙 단단히 고정돼 오늘날 고고학자에 의해 발견되는 두개골 안에 그대로 들어 있는 경우가 많다.

아름다움을 위하여

로마네스크풍의 긴 코는 마야인의 얼굴에서 이상적인 요소로 여겨졌다. 태어날 때 그런 코를 갖지 못한 사람들은 뗐다 붙였다 할 수 있는 인조 콧등을 써서 원하는 효과를 낼 수 있었다. 보디 페인팅은 물론 보디 피어싱도 흔히 행해졌다. 영구적인 문신은 잘 하지 않았는데, 그건 그 과정이 워낙 고통스러운데다 감염과 병을 유발할 수도 있었기 때문이다. 따라서 문신은 용기의 표식으로 여겨졌다.

모든 스파르타 남자는 군인이었다는데 그게 가능한 일일까?

그리스인들은 서로 싸우는 데 많은 시간을 보냈는데, 그건 고대 그리스가 한 국가가 아니라 아테네, 스파르타, 코린트, 메가라, 아르고스 등 여러 독립된 도시국가로 이루어졌기 때문이다. 그래서 그들은 평소 많은 군사 훈련을 했으며 적을 물리칠 방법을 끝없이 연구했다.

모든 스파르타 남자의 직업은 군인

이 도시국가 중 몇 곳은 무적의 군대로 유명했는데, 특히 스파르타가 그랬다. 스파르타 병사 하나가 그리스 병사 여럿과 맞먹는다는 옛말이 있을 정도였다. 모든 스파르타 남자들은 자신의 도시국가를 위해 싸울 수 있게 7살 때부터 13년간 '아고게agoge'라는 군사 훈련을 받았다. 다양한 직업을 가진 남자들로 구성되는 다른 도시국가 군대와 달리, 모든 스파르타 남자는 좋든 싫든 평생 군인이라는 한 가지 직업에 종사해야 했다. 사회에서의 다른 역할은 여성과 '헬롯helot(노예)' 그리고 '페리에오치perieoci(장인과 상인들)'가 떠맡았다.

스파르타인들은 '도리dory'라는 창으로 유명했는데, 이 창은 한쪽 끝은 청동이나 철로 된 촉이었고, 다른 한쪽 끝은 뾰족한 못이었다. '도마뱀 킬러'로 알려진 이 못 덕에 창을 똑바로 세워놓기 편했으며, 쓰러져 죽어가는 적군들 위를 지나가며 남은 명줄을 끊는 용도로도 쓰였다. 물론 도마뱀도 죽였다. 그들은 '사이포스xiphos'라는 짧은 칼도 갖고 다녔는데, 커서 다루기 힘든 다른 군대의 칼과는 달리 방패벽 틈새로 적을 공격하는 데 용이했다.

공포를 발명하다

아르키메데스Archimedes(기원전 약 287~212년)는 그리스의 식민지인 시라쿠스에서 태어났다. 그는 평생을 철학과 수학 그리고 발명에 바쳤다. 기원전 211년 로마는 오랜 포위 작전 끝에 시라쿠스를 정복했는데, 그때 아르키메데스가 시라쿠스를 위해 많은 일을 했다. 그는 무게 80킬로그램의 돌을 쏠 수 있는 역사상 가장 강력한 투석기를 만들었으며, 태양 광선을 집중시켜 적의 배를 불태우는 거울 장치도 개발했다. 아르키메데스는 결국 한 로마 병사에 의해 살해되었는데, 그 순간에도 그는 뭔가를 발명하기 위해 계산 중이었다고 한다.

그리스의 불

화학 시대 이전에 등장한 화공 무기의 결정판으로 일컬어지는 '그리스의 불'은 그리스인들이 만든 것으로 알려져 있지만 사실은 17세기 때 그리스어를 쓰던 동로마 제국의 비잔틴 시민들이 발명한 무서운 무기였다. 석유 화합물로 생각되는 그리스 불

은 배에 장착된 '불길을 내뿜는 튜브'로 발사돼 적들을 불길에 휩싸이게 만들었다.

바다를 지배하다

아테네, 코린트, 로도스 같은 일부 그리스 도시국가들은 대규모 함대를 앞세워 지중해를 지배했다. 그리고 배를 이용해 교역로를 개척하고 병사들을 보내 식민지를 지켰다. 그중 가장 흔한 배는 '트리레메trireme(3단 노를 장착한 군용선)'로, 170명이 노를 저어야 했다. 이 배의 절대무기는 배 앞쪽의 뾰족한 금속 램이었다. 배를 돌진시켜 이 램을 적선과 충돌시키면 적선은 큰 피해를 입거나 침몰됐다.

고대 이집트에서
혼전계약서를 썼다는데 사실일까?

대부분의 문화권에서 여성의 권리는 비교적 최근에 나온 개념이라고 생각하기 쉽다. 그러나 고대 이집트에서 여성은 거의 모든 측면에서 남성과 대등한 지위를 누렸다. 이혼 시 재산 분할에 대한 혼전계약서나 이혼 계약을 통해, 이집트 여성들은 다른 어떤 고대 문화권 여성과도 비교할 수 없는 힘과 안정감을 누린 것이다.

남편의 부 3분의 1은 아내 몫

미국 시카고대학교의 동양연구소에는 남편이 있든 없든 아내에게 죽을 때까지 매년 은 1.2 조각과 곡물 36자루를 제공한다는 약속이 적힌 2,480년 전 이집트 연금계약서가 걸려 있다. 현존하는 그 당시의 다른 법률 문서를 보면 여성의 개인 소유물과 재정 상태가 기록돼 있어 그녀의 남편이 이혼할 경우 무얼 돌려줘야 하는지를 알려준다. 또한 여성들에게는 결혼 기간 중에 획득한 남편의 부 중 3분의 1에 대한 권리가 있었다.

은밀한 이집트 여성의 힘

이집트 여성들은 금전적으로 남성에게 의존해야 하는 경우가 많았는데, 그건 취업 기회가 남성에 비해 훨씬 적었기 때문이다. 그러나 결혼 유무에 관계없이, 여성들에겐 많은 법적 권리가 주어졌다. 법정에서 배심원이나 증인 역할을 하고, 소송 당사자나 상대가 될 수 있었으며, 노예와 토지, 상품 같은 개인 재산을 소유할 수도 있었다. 종종 채소를 기르거나 옷을 만들거나 심지어 자신의 노예를 빌려주어 돈을 벌기도 했다. 여러 여성들이 함께 돈을 갹출해 보다 쉽게 노예를 사들이기도 했다.

고대 역사

ANCIENT HISTORY

고대 로마인들의 여흥에 대해 새로운 지식을 알았는가? 그리스인들의 모든 것에 대해서는? 이제 퀴즈를 통해 자신이 얼마나 많은 걸 배웠나 확인해보도록 하자.

Questions

1. 마차 경주, 레슬링, 카약 중 고대 올림픽 스포츠 종목이 아닌 것은?

2. 잉카인들은 마추픽추를 건설하기 위해 산비탈 위로 엄청난 양의 돌을 끌어올렸다. 맞는가 틀리는가?

3. 로마 황제들은 왜 수시로 스스로 독을 먹었는가?

4. 마그나 카르타는 성당인가 신성한 수레인가 유명한 문서인가?

5. 기원전 2년에 열린 아우구스투스 황제의 그 유명한 '나우마치아(모의 해전)'에는 얼마나 많은 물이 동원됐는가? 양동이를 가득 채울 만큼? 목욕을 할 수 있을 만큼? 올림픽 규격의 수영장 100개 이상을 채울 만큼?

6. 마야인들은 자신의 옥수수 신을 기리기 위해 몸의 어느 부위를 변형시켰는가?

7. 중국에서 발굴된 테라코타 전사들은 무엇을 지키고 있었는가?

8. 고대 이집트 여성은 이혼할 경우 결혼 기간 중에 획득한 남편의 부 전체를 가질 수 있었다. 맞는가 틀리는가?

9. '울라말라츨리'와 '파톨리'는 어떤 고대 문명권에서 즐긴 게임인가?

10. 스파르타의 남자들은 자동적으로 어떤 직업에 종사하게 돼 있었는가?

Answers

정답은 243페이지 참조.

첫 나이키 운동화 밑창을
와플 틀로 만들었다고?

달리기 기록이 계속 경신되고 있는데 인간이 점점 더 빨라지고 있는 걸까?

1935년 제시 오언스Jesse Owens의 100미터 달리기 최고 기록은 10.3초였다. 2009년 우사인 볼트Usain Bolt는 그 거리를 9.58초에 달렸다. 인간이 점점 빨라지고 있다고 추정하는 건 당연하리라. 그러나 인간이 점점 빨라지는 건 사실 주요 스포츠와 관련해 보다 다양해진 유전자 풀과 과학기술 덕이다.

첨단 기술을 밟고 달리는 사람들

1930년대에 제시 오언스가 경기장에 들어설 때는 손에 모종삽이 들려 있었다. 집에서 만든 스타팅 블록을 박아 넣기 위한 것이었다. 오늘날 달라진 건 스타팅 블록만이 아니다. 요즘 선수들의 경우 스포츠 과학과 영양학적 연구 덕에 장거리 달리기 선수들에게 균형 잡힌 체액과 연료를 공급해줄 이온 음료 및 고탄수화물 겔, 탄소 밑창을 댄 초경량 운동화, 큰 경기 전날 밤 숙면을 취하게 해줄 산소 텐트 등 훈련 효과를 극대화시켜줄 것들이 많다.

단거리 경주의 경우 트랙 기술에 드라마틱한 변화가 일었다. 오언스는 재(바위와 불에 탄 나무 조각들) 위를 달렸지만, 요즘은 트랙에 특수 제

작된 표면을 깔아 미끄럼을 줄이고 마찰력과 지구력을 극대화시켜주고 있다. 그 덕에 트랙 표면이 보다 탄력성이 좋아 선수들의 발이 땅과 접촉하는 시간이 줄어든다. 운동화 밑바닥

스파이크는 한때 철로, 그 다음엔 자기로 만들었으나, 오늘날에는 새로 개발된 가벼운 탄소 나노튜브로 만들어, 충격 시 트랙에 흡수되는 에너지 양을 최소화시켜준다. 오언스의 관절을 분석해본 결과, 그에게 자메이카의 전설인 우사인 볼트와 똑같은 혜택이 주어진다면 볼트보다 단 한 발 늦게 결승점을 통과했을 거라고 한다.

칼렌진족의 등장, 그 후

뭔가 변화하고 있는 게 있다면, 그건 국제 경기에서 경쟁 중인 선수들의 유전자 풀이다. 새로운 인구를 상대로 새로운 스포츠와 스포츠 과학이 도입되면서, 그리고 스포츠가 수지맞는 산업이 되면서, 각 스포츠에서 발군의 실력을 발휘할 최상의 신체 조건을 가진 인체가 주목받게 됐다. 예를 들어 1900년대 초에 장거리 달리기 선수들은 대개 고만고만한 보통 체격으로 다른 스포츠 선수들과 비슷했다. 그러다가 1980년대에 케냐 달리기 선수들이 등장했다. 인구 4,100만 명인 나라 케냐는 지금 에티오피아, 탄자니아와 함께 장거리 달리기 분야를 장악하고 있다. 케냐 우승자의 대부분은 전체 인구의 0.06퍼센트밖에 안 되는 소수 민족 칼렌진족 출신이다. 이 민족은 키에 비해 체질량 지수가 낮고 다리가 길고 몸통이 짧으며 팔다리가 가늘다고 한다. 일부 연구에 따르면, 이들은 산소를 운반하는 적혈구 수도 더 많다고 한다. 이런 특징은 하나같이 장거리 달리기에 유리하다.

파도 위를 서핑해 가장 멀리 간 건 누구일까?

2016년 인간 변이체 프로젝트에 필요한 기금을 마련하기 위해 호주 서퍼 제임스 코튼James Cotton, 로저 갬블Roger Gamble, 지그 반 슬루이스Zig Van Sluys는 인도네시아 수마트라 캄파르 강에서 17킬로미터 이상을 해소tidal bore(바닷물이 하천을 거슬러 올라가는 현상) 서핑을 해, 그 방면에서 새로운 세계 신기록을 세웠다.

강어귀를 덮치는 엄청난 해일

그들의 신기록 수립은 해소 현상 때문에 가능했다. 해소 현상은 대양에서 밀려온 물이 내륙으로 들어가 점점 좁아지는 강을 따라 올라가며 일어나는 현상으로, 전 세계적으로 이와 비슷한 현상이 일어나는 곳은 60곳 정도 된다. 연중 특정한 날에는 밀려들어오는 조류가 최고조에 달해, 엄청난 양의 물이 강어귀를 덮치면서 강물이 급증한다. 그리고 강물 표층이 무서운 속도로 밀리면서 강력한 해일이 일어나게 된다. 수마트라섬의 해소 현상은 현지인들 사이에서 '일곱 귀신'으로 불린다.

1등 서퍼, 사람 대 개

그러나 이 자연적인 파도 서핑은 2011년 파나마 출신의 개리 사아베드라Gary Saavedra가 파도를 일으키는 보트 뒤에 매달려 무려 66.5킬로미터나 서핑을 한 것에 비하면 새 발의 피다. 66.5킬로미터라면 거의 워싱턴 D.C에서 볼티모어에 이르는 거리다. 그는 3시간 55분 2초 동안 서핑을 해, 탁 트인 바다에서 가장 오랜 시간, 그리고 또 가장 멀리 파도 서핑을 한 사람으로 기네스북에 이름을 올려놓았다.

개 중에도 유명한 서퍼가 있다. 개가 가장 멀리 서핑을 한 건 107.2미터다. 이 기록은 미국 캘리포니아주 샌디에이고에서 오스트레일리안 켈피 종인 아비 걸Abbie Girl이 세웠다.

골프 용어에 새 이름이 등장하는 이유는 무엇일까?

골프는 스코틀랜드인들의 소일거리로 시작됐지만, 새와 관련된 재미있는 용어는 전부 미국에서 만들어졌다. '버디birdie'라는 용어는 미국 뉴저지주 애틀랜틱시티 컨트리클럽에서 생겨났다고 한다.

그린에 등장한 최초의 버디

'버드bird'는 뛰어나다는 뜻의 미국 속어였다. 1903년 애브너 스미스Abner Smith는 컨트리클럽의 12번 홀에서 티오프를 했다. 페어웨이에서의 두 번째 샷은 홀에서 몇 센티미터 이내의 거리에 떨어졌고, 세 번째 샷은 쉬운 퍼팅으로 기준 타수보다 한 타 적었다. 그때 일행 중 누군가가 외쳤다. "와우, 버드 같은 샷!" '버디' 소식은 널리 퍼져나갔고, 10년도 안 돼 전 세계 골퍼들이 버디란 말을 사용하게 됐다.

알바트로스처럼 귀한 샷

'이글eagle'과 '알바트로스albatross'는 버디에서 자연스레 가지 친 용어들로, 전자는 기준 타수보다 2타, 후자는 기준 타수보다 3타 적은 타수로 홀인하는 것으로, 보다 힘든 경기를 희귀종인 이글과 알바트로스에 비유한 것이

다. 그런데 이글은 미국인들에 의해, 알바트로스는 영국인들에 의해 생겼다. 뉴스 기사에 알바트로스란 말이 처음 등장한 건 1931년 E. E. 울러E. E. Wooler라는 남아프리카공화국 골퍼가 더반 컨트리클럽의 파 포 18번 홀에서 홀인원을 기록했을 때다. 영국 기자들이 이를 알바트로스라고 보도한 것이다. 그러나 많은 미국인 골퍼들은 여전히 3언더 파를 '더블 이글double eagle'이라 부른다.

세상에서 가장 위험한 스포츠는 무엇일까?

베이스 점핑BASE jumping 참가자들은 높은 건물 꼭대기 같은 저고도에서 뛰어내리다가 낙하산을 편다. 2016년 8월 기준, 그해에만 이미 31명이 죽었고, 2,317회의 점프 중 한 번은 죽음으로 끝나, 베이스 점핑은 분명 그 어떤 스포츠보다 위험한 스포츠다.

뜻밖에도 너무나 위험한 스포츠

베이스 점핑은 대부분의 사람들이 평생 할 일이 없겠지만, 달리기와 사이클링, 수영을 합친 보다 인기 있는 철인 3종 경기 또한 아주 위험하다. 6만 8,515명의 선수 중 한 명이 경기 도중 숨질 정도다. 이는 96만여 명의 참가자들에 대한 분석에서 나온 것으로, 그중 14명이 세상을 떠났다(13명이 수영 단계에서). 캘리포니아대학교의 또 다른 연구에서는 스키와 스노보드를 비교했는데, 스키는 부상자의 18퍼센트가 초보자인데 반해 스노보드는 49퍼센트나 되어, 스노보드는 초보자에게 가장 위험한 스포츠 중 하나로 꼽힌다. 그러나 스키에서 머리 부상을 당할 가능성은 사이클링이나 풋볼 경우만큼이나 높다.

치어리딩만큼 위험한 것도 없다

미국 〈소아과학저널〉 2013년 판에 실린 통계에 따르면, 여성들의 경우 스포츠로 인한 영구적인 장애의 66퍼센트는 치열한 치어리딩의 결과였다. 고등학교와 대학교에서 1년간 발생한 치어리딩 부상 2만 6,786건 중 110건은 영구적인 뇌 손상과 마비 또는 죽음으로 이어졌다. 그리고 공중 곡예의 경우, 인생이 바뀔 만큼 큰 부상을 입는 사람은 아래서 떠받치는 사람이었다.

테니스공은
왜 노란색이며 보송보송할까?

역사적으로 테니스공은 그 공을 쓸 코트 색깔에 따라 검은색 또는 흰색이었다. 그러다 1972년 국제테니스연맹은 테니스에 노란색 형광 공을 도입했다. TV 시청자들에게는 노란색이 가장 잘 보인다는 연구 결과에 따른 조치였다. 그러나 윔블던의 경우 1986년 이래 흰 공을 고수하고 있다.

공기역학적으로 만들어진 털 코트

보슬보슬한 털 코트를 입히는 것은 테니스공의 또 다른 특징 중 하나다. 그러면 공이 덜 위협적으로 느껴지기도 하지만, 사실 그보다는 공기역학과 깊은 관련이 있다. 공이 공기 속을 날아갈 때 그 표면은 속도에 영향을 준다. 보슬보슬할수록 속도가 느려지는 것이다. 프로 테니스 선수들이 가끔 서브 전에 여러 공들을 살펴보는 것도 바로 그 때문이다. 속도와 회전을 극대화하기 위해 표면의 털이 많이 누운 공을 찾는 것이다.

양의 위와 사람의 머리카락으로 만든 공

테니스는 12세기 이후 '리얼 테니스real tennis'라는 유럽의 한 인기 있는 게임에서 발전된 것이다. 오늘날의 테니스공은 고무 두 조각을 합쳐 밀봉한 뒤 압력을 가하고 털 같은 천을 씌워 만들지만, 리얼 테니스공은 양의 위, 사람의 머리카락, 모래, 접합제, 코르크 등 온갖 물질로 만들었다.

첫 나이키 운동화 밑창을
와플 틀로 만들었다고?

블루리본 스포츠Blue Ribbon Sports는 1964년에 설립됐다. 소유주는 미국 오리건대학교 육상 코치인 빌 바우어만Bill Bowerman과 같은 대학교 동문인 필 나이트Phil Knight로, 그들은 한 일본 제조업체에 운동화를 보급했다. 1971년 바우어만은 혁신적인 신발 아이디어를 냈고, 블루리본 스포츠는 나이키Nike Inc.가 됐다.

와플을 먹다 번개처럼 스친 영감

바우어만의 직업은 코치였고 시대는 변하고 있었다. 그가 일하던 육상 경기 트랙인 오리건 헤이워드 필드 역시 인공 잔디가 새로 깔리는 등 시설이 업그레이드되고 있었다. 바우어만은 선수들한테 잔디와 나무껍질 부스러기 위에서 미끄러지지 않을 밑창이 달린 운동화가 필요하다고 생각했다. 운동화는 50년 넘게 별

변화가 없었고, 그는 혁신적인 해결책을 원했다. 어느 날 아침 그가 그 문제로 고민하고 있는데, 그의 아내가 와플을 만들었다. 그리고 그는 그 와플 굽는 틀의 패턴에서 강렬한 영감을 얻었다.

바우어만의 집에는 실험실이 있었는데, 그의 아내 바바라는 이렇게 회상했다. "식탁에서 벌떡 일어나더니 쏜살같이 실험실로 달려가 뭔가 캔 두 개를 부어 우레탄을 만들고 그걸 와플 틀에 붓더군요." 나이키의 첫 신발인 '와플 트레이너Waffle Trainer'는 바로 와플 틀로 만든 이 우레탄 주물에서 영감을 얻은 것이다. 와플에서 영감을 얻은 주물로 만든 오돌도톨한 돌기는 바우어만이 받은 첫 번째 특허(그는 총 8개의 특허를 받았다)가 되었다. 그리고 이런 디자인은 나이키 코르테즈Cortez, 문 슈Moon

당에서 나온 건 바로 그때였다. 그 가족들은 나이키 쪽에 연락해 그 와플 틀을 지역 운동 프로그램에 쓸 스포츠 장비와 교환했다.

Shoe 같은 다른 유명한 나이키 신발에도 영향을 주었다.

땅속 쓰레기 더미에서 파낸 보물

그렇다면 최초의 시제품 밑창을 만드는 데 사용된 와플 틀은 어찌 됐을까? 바우어만의 뒤뜰에 있는 폐품 더미 속에 던져졌다. 당시 쓰레기차는 그의 집에 오지 않았고, 그래서 그는 쓰레기를 정원 안쪽의 구덩이에 파묻었고, 망가진 와플 틀 역시 거기로 들어갔다. 그러나 2011년 비 우어만의 아들이 주택을 리모델링하면서 새로운 기초를 다지기 위해 마당을 파헤쳤다. 바우어만 부부의 결혼 선물이었던 길이 15센티미터짜리 1930년대 와플 틀이 마

세계에서 가장 유명한 로고

블루리본이 나이키로 바뀐 1971년에 그래픽 디자인을 전공한 학생 캐롤린 데이비드슨Carolyn Davidson은 이 새로운 신발 브랜드의 로고를 만든 대가로 필 나이트한테 35달러를 받았다. 그녀는 시간당 2달러를 받고 단 17.5시간 일하면서 그 디자인을 만들어냈다. 그녀가 만든 나이키의 '스우시Swoosh' 로고는 이제 세계에서 가장 잘 알려진 로고 중 하나가 되었다. 그녀는 후에 나이키로부터 수십만 달러 가치의 주식을 받았다. 며칠 일한 대가치곤 꽤 괜찮지 않았을까?

"나이키의 첫 신발인
'와플 트레이너'는 바로
와플 틀로 만든
이 우레탄 주물에서
영감을 얻은 것이다."

농구 골대의 네트를
왜 바스켓이라고 하는 걸까?

농구에서 '스위시swish'란 선수가 던진 공이 농구 골대나 백보드에 닿지 않고 바로 네트 안으로 들어가는 슛으로, 이때 선수와 팬들이 좋아하는 네트 스치는 소리가 난다. 그러나 스위시를 할 수 없던 때도 있었다.

성공의 소리, 스위시!

농구공basketball은 1891년 제임스 네이스미스James Naismith 박사가 만들었다. 그러나 농구공이 'basket(바구니)볼'이라 불린 데는 이유가 있다. 원래 농구 경기는 두 기둥 또는 실내 스포츠 시설 내 달리기 트랙 발코니에 복숭아 바구니를 걸어놓고 진행됐다. 네트는 1893년에 나타나기 시작했으나, 아직 금속인데다 끝이 막혀 있어 선수들은 경기를 하면서 계속 공을 꺼내 써야 했고, 물론 스위시도 할 수 없었다. 농구 경기가 처음 열린 지 20년도 더 된 1912년에 고등학교와 대학 경기에서 끝이 뚫린 천 네트 사용이 허용됐다.

기록으로 남은 스위시

기록으로 남은 최초의 실제 스위시(스위시는 1913년에 이미 소설 같은 데 나왔다)는 조지 에델스타인George Edelstein이란 브루클린의 농구 선수가 던진 걸로 알려졌다. 〈뉴욕 트리뷴〉 지의 한 기자가 부시윅고등학교 농구 선수인 에델스타인의 경기를 본 뒤 '그가 공을 스위싱해 점수를 얻지 못한 건 단 네 차례뿐'이었다고 쓴 것이다. 스위시란 말은 그렇게 생겨났다.

군부대 식탁에서 시가 상자와 와인 코르크로 시작된 스포츠는?

테이블 테니스table tennis 즉, 탁구는 민첩성, 속도, 기술을 요하는 국제적인 스포츠로, 1800년대 말 해외 주둔 영국 군인들이 식후 소일거리로 만든 것이다. 그 당시엔 테이블 테니스나 핑퐁ping-pong이 아닌 휩-훼프whiff-whaff라는 묘한 이름으로 불렸다.

누구나, 어디서든, 무엇으로든

탁구의 정확한 발생지에 대해서는 이론이 많으나, 인도, 말레이시아 또는 소아시아의 군부대 식당이 후보지들이다. 테니스의 인기를 실내 스포츠로 옮겨오려는 노력의 일환으로 영국 군인과 상류층 인사들은 식탁 위에서 서로 시가 상자 뚜껑으로 와인 코르크를 치고 받았다. 책으로 쌓은 벽이 네트였다. 그래서 이 게임은 누구나 어디서 무엇으로든 즐길 수 있었

다. 전 세계적으로 테이블 테니스를 뜻하는 말은 많아, 프랑스에선 tennis de table, 독일에선 Tischtennis, 네덜란드에선 tafeltennis, 노르웨이에선 bordtennis라고 한다. 그러나 중국에서는 핑퐁에 더 가까운 발음을 써서 '핑팡 키우'라 한다.

탁구공만큼이나 빠른 핑퐁의 도약

1901년 자크Jacques 게임 회사는 새로 개발한 셀룰로이드 공이 테이블이나 라켓(딱딱한 목재 틀과 손잡이에 잡아 늘인 가죽을 입혔다)에 부딪혀 내는 소리를 따라 '핑퐁'이란 이름으로 상표 등록을 했다. 곧 표준 경기 규칙이 성해졌으며, 1903년에는 두 라이벌 협회(Table Tennis Association과 Ping Pong Association)가 합쳐져 한 집행 기구가 탄생했다. 후에 스펀지를 붙이고 그 위에 얇게 고무를 입힌 라켓이 나오면서, 탁구는 오늘날 우리가 알고 있는 빠른 템포의 스포츠로 바뀌게 된다.

루스벨트가 없었다면
풋볼도 역사 속으로 사라졌을 거라고?

20세기에 들어오면서 미국에서 풋볼은 야구만큼이나 인기를 끌어, 대학 경기를 보기 위해 수만 명이 모여들었다. 그러나 당시의 풋볼은 수십 명의 선수들이 죽어간 위험한 경기여서, 시어도어 루스벨트Theodore Roosevelt 대통령이 개입해 그 잔혹한 경기를 오늘날 우리가 아는 풋볼로 바꿔놓았다.

말 그대로 목숨을 건 경기

오늘날의 풋볼 선수들은 힘과 열정 그리고 대담함의 상징으로 여겨지지만, 풋볼이 공격적이고 위험한 접촉 스포츠라는 건 부인할 수 없다. 그러나 오늘날 풋볼의 위험성은 1900년대 초의 풋볼과는 비교조차 안 된다. 전진 패스는 허용되지 않았고, 그래서 선수들은 서로 팔짱을 낀 채 밀집대형을 이뤄 성문을 돌파하듯 밀어붙였고 반복적인 태클로 상대팀 선수들을 거꾸러뜨렸다. 게다가 보호 장비를 거의 착용하지 않아 두개골이 파열되거나 갈비뼈나 척수가 나가는 일이 비일비재했다. 부상이 너무 흔하고 심해, 신문에서 고등학교와 대학을 상대로 풋볼 중단 캠페인을 벌일 정도였다.

피바다로 변한 햄던 파크

루스벨트 대통령은 풋볼에 대해 우려할 만했다. 1894년 하버드와 예일 간의 경기에서 유혈 사태가 벌어진 뒤 풋볼은 당국에 의해 2년간 금지됐다. '햄던 파크 유혈 사태'로 알려진 그 경기에서 경기 도중 5명의 선수가 병원에 실려 갔다. 선수들이 머리에 손상을 입고 코뼈와 쇄골과 다리가 부러진 것. 유혈 사태는 경기장 밖으로 이어져, 두 라이벌 팀 팬들 사이에 격렬한 싸움이 벌어지기도 했다. 경기는 2년간 중단된 뒤 재개되어 제1차 세계대전 때까지 계속되었다.

하버드가 풋볼을 포기할지도 모른다?!

루스벨트 대통령은 풋볼은 미국인들의 삶에 중요한 부분이며, 풋볼 선수가 되어 경기에 나가는 건 전투에 나가는 것이나 다름없다고 느꼈다. 그는 풋볼의 남성적이고 격렬한 특성

을 지지했지만, 이 스포츠가 계속 인기를 누리려면 뭔가 변화되어야 한다는 걸 깨달았다. 1905년 그는 하버드와 프린스턴 그리고 예일 대학교의 풋볼 수석 코치들을 백악관으로 초대해 경기를 순화시킬 것을 촉구했다. 하지만 그의 노력에도 불구하고 사망자 수는 늘었다. 같은 해에 그의 아들이 하버드대학교 풋볼팀에 들어가 경기 도중 코뼈가 부러졌다.

1905년에 최소한 선수 18명이 죽고 거의 150명이 심한 부상을 당한 게 스탠퍼드, 캘리포니아, 콜롬비아, 듀크 대학교를 비롯한 일부 대학교들에겐 결정타였다. 그 대학들은 럭비로 갈아타거나 풋볼을 완전히 포기했다. 이제 곧 자신의 모교인 하버드대학교도 자신이 사랑하는 풋볼을 포기하게 되리라는 우려에, 루스벨트는 풋볼 관계자들에게 대폭적인 경기 규칙 변경을 요구했다.

처음에는 전진 패스가 허용됐고 밀집대형이 금지됐다. 그리고 1909년에 추가적인 제한 조치와 변화가 이루어져 우리가 아는 오늘날의 풋볼이 탄생됐다. 헬멧과 몸통 보호대 착용이 의무화된 건 그로부터 다시 여러 해가 지난 뒤의 일이다.

"1894년 하버드와 예일 간의 경기에서 유혈 사태가 벌어진 뒤 풋볼은 당국에 의해 2년간 금지됐다."

사이클 선수들이 입는 셔츠 색깔에는 어떤 규칙이 있는 걸까?

투르 드 프랑스Tour de France의 열혈 팬이 아니더라도 이 사이클 대회에서 종합 선두에 나선 선수는 노란색 경기용 셔츠 '옐로 저지yellow jersey'를 입는다는 사실은 알고 있을 수도 있다. 그러나 그게 늘 그랬던 건 아니다. 이 대회가 1903년부터 시작됐지만, 투르 드 프랑스의 상징인 옐로 저지가 처음 나온 건 1919년의 일이다.

최초로 옐로 저지를 입은 사람

옐로 저지(또는 마요 죤maillot jaune)를 처음 입은 사람은 프랑스 선수 유진 크리스토프Eugène Christophe였다. 때는 1919년, 1914년 이후 처음 열린 투르 드 프랑스 대회였다. 제1차 세계 대전은 프랑스인의 모든 걸 파괴했고, 그래서 국민들의 사기를 올리기 위해서도 짧은 기간

에 엄청난 인기를 끈 이 대회가 필요했던 것이다. 오늘날의 선수들에겐 옐로 저지가 선망의 대상이지만, 1919년 당시 유진 크리스토프는 다른 선수들에게 표적이 되기 쉽다며 달가워하지 않았다. 그리고 유감스럽게도 그는 15개 구간 중 10개 구간(지금은 23일간 하루에 한 구간씩 21개 구간)에서 옐로 저지를 입었지만, 마지막에 벨기에 선수 피르민 람봇Firmin Lambot에게 1위를 내주고 3위에 머물렀다.

왜 하필 노란색이었을까?

투르 드 프랑스 대회는 자동차 잡지 〈로토L'Auto〉가 판매 부수를 올리기 위해 시작한 구간 경기였다. 1919년 전에는 경기 선두 주자는 1위라는 걸 알리기 위해 노란색 완장을 착용했다. 그러나 완장은 도로 옆에 있는 팬들

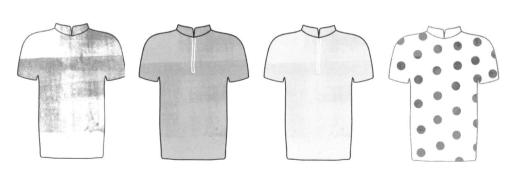

눈에는 잘 보이지 않아, 잡지 편집자인 앙리 데그랑주Henri Desgrange에게 색깔 있는 셔츠를 입는 게 더 좋겠다는 제안이 들어왔다. 노란색을 선택한 건 〈로토〉를 인쇄하는 종이가 노란색이었기 때문인 걸로 알려져 있다. 데그랑주는 15장(간 구간마다 1장)의 저지가 필요했는데 공급업자가 그 정도 수량을 확보하고 있던 셔츠가 가장 인기 없는 노란색뿐이었기 때문이라는 말도 있다.

셔츠 색깔을 결정짓는 규칙

노란색 셔츠는 전날의 구간 경주를 마친 뒤 종합 선두인 선수가 입는다. 다시 말해 구간 경주 기록을 다 합쳐 점수가 가장 좋은 선수가 노란색 셔츠를 입는 것이다. 또한 최종 우승을 하지 못하더라

도, 어떤 시점에서건 노란색 셔츠를 받은 경우 그걸 기념으로 가질 수 있다. 그러나 노란색 셔츠를 입는다고 해서 우승이 보장되진 않는다. 파비앙 캉셀라라Fabian Cancellara는 6번의 대회에서 29일 옐로 저지를 입었으나 최종 우승은 하지 못했다.

랭킹을 보여주는 경기용 셔츠

노란색 셔츠가 가장 인정받지만, 그게 투르 드 프랑스 대회의 유일한 경기용 셔츠는 아니다. 저지 랭킹 순서대로 정리하자면, 포인트 선두 주자에게는 초록색 셔츠가 주어지고, 등반 랭킹이 가장 좋은 '산의 왕'에게는 물방울무늬 셔츠가 주어지며, 26살 미만의 종합 선두 주자에게는 흰색 셔츠가 주어진다. 만일 어떤 주자가 한 부문 이상에서 선두를 달린다면, 더 높은 랭킹의 셔츠가 주어진다.

활쏘기는
스포츠인가 수련법인가?

'활의 길'이란 뜻을 가진 '규도kyudo'는 기원전 250년에 시작된 고대 일본의 수련법이다. '규도조kyudojo' 또는 줄여서 '도조dojo'라는 전용 홀에서 수련하며, 활 쏘는 걸 배우고 준비하는 과정은 명상적이고 영적인 과정으로, 일본 종교 신도와 선불교에서 많은 영향을 받았다.

활의 길

'규도' 기법을 사용해 활을 쏘는 데는 8단계가 있으며, 올바른 자세를 마스터하는 데만도 오랜 시간이 걸릴 수 있다. 궁수는 두 발을 활 길이만큼 벌려야 하며, 두 엄지발가락은 과녁 중앙과 일렬로 맞춰야 한다. 활을 쏠 때는 활을 이마 높이까지 당겨 입 높이로 낮춘 뒤 쏜다. 도조 회원들은 한 사람씩 돌아가며 과녁을 향해 활을 쏘는데, 가장 초심자가 먼저, 노련한 궁수가 나중에 쏜다.

올림픽에서의 활쏘기

과녁 활쏘기는 1972년 이후 모든 올림픽 대회에 포함됐다. 궁수들은 풋볼 경기장의 약 4분의 3 거리인 70미터 밖에서 40초간 6개의 활을 쏜다. '황소의 눈bullseye'이라 불리는 과녁 중심은 지름이 12.2센티미터. 활을 쏘면 화살은 시속 240킬로미터의 속도로 날아간다. 올림픽 궁수들은 시위를 늦춘 상태에서 활 양쪽 끝이 휘어 있는 '리커브 활recurve bow'을 쓴다.

스포츠

SPORTS

열심히 운동을 했으니, 이제 퀴즈를 풀면서 뭉친 근육을 풀어보도록 하자.
질문을 받는 즉시 바로 대답을 해야 한다.

Questions

1. 농구 경기는 원래 두 개의 링과 네트 대신 복숭아 바구니를 사용해 진행됐다. 맞는가 틀리는가?

2. 나이키의 첫 신발 밑창은 어떤 음식에서 영감을 받아 만들어진 것인가?

3. 활쏘기에서 과녁의 중심은 뭐라고 하는가?

4. 바닷물 수위가 높아져 내륙으로 몰려들며 점점 좁아지는 강을 타고 올라가는 자연 상태의 파도를 영어로 tidal yawn, tidal bore, tidal stretch 중 뭐라 하는가?

5. '버디', '이글', '알바트로스'는 어떤 스포츠와 관련이 있는가?

6. 베이스 점핑이란 무엇인가?

7. 노란 테니스공은 선수들이 더 빨리 칠 수 있다는 연구 결과에 따라 도입됐다. 맞는가 틀리는가?

8. 어떤 미국 대학 스포츠가 1894년의 '햄던 파크 유혈 사태' 이후 2년간 금지됐는가?

9. 제시 오언스는 1930년대에 달리기 트랙에 들어오면서 왜 모종삽을 갖고 왔는가?

10. 투르 드 프랑스 종합 선두 주자는 물방울무늬 셔츠를 입는다. 맞는가 틀리는가?

Answers

정답은 244페이지 참조.

어떤 청량음료가
'찌꺼기'로 만들어졌을까?

세상에서 가장 매운 음식은 무엇일까?

'스코빌 척도Scoville scale'는 지구상에서 가장 매운 음식인 칠리의 '열' 내지 톡 쏘는 맛을 측정하는 척도다. 캡사이신 분자가 입속에 있는 통증 수용체에 녹아들면, 이 독성 물질을 몸에서 제거하기 위한 노력의 일환으로 눈에선 눈물이 나고 코에선 콧물이 흐르며 피부에선 땀이 난다.

기네스북에 오른 캐롤라이나 리퍼

매운 칠리 가운데 특히 더 맵다는 데 이견이 없는 칠리가 몇 가지 있다. 인도 군대가 수류탄 재료로 쓰고 있는 부트 졸로키아 또는 유령고추, 이름이 모든 걸 말해주는 트리니나드 모루가 스콜피온, 그리고 2013년에 가장 매운 칠리로 기네스북에 이름을 올린 캐롤라이나 리퍼 등이 바로 그 주인공이다. 할라페뇨의

평균 SHU 즉, 스코빌 지수가 2,500에서 8,000 사이인 데 비해 캐롤라이나 리퍼는 무려 평균 157만에 달한다.

스코빌 척도 대 액체 크로마토그래피 기법

약사 윌버 스코빌Wilbur Scoville이 고안해낸 스코빌 미각 테스트는 어떤 칠리 또는 칠리 제품이 스코빌 척도의 어디쯤 위치하는지를 보여주는데, 과학적으로 정확한 건 아니다. 이 테스트에서는 말린 칠리 페퍼에서 추출한 일정량의 캡사이신 오일을 점차 농도를 줄이고 설탕물에 추가하며 측정한다. 훈련된 맛 감식가 5명 중 3명이 샘플에서 칠리를 더 이상 감지하지 못하면, 그때 스코빌 지수가 결정된다. 피망은 스코빌 지수가 0 SHU이며 순수한 캡사이신은 1,600만 SHU이다.

부트 졸로키아

트리니나드 모루가 스콜피온

스코빌 척도는 5명의 '열 저항성heat tolerance'에 따라 결정되므로 아주 주관적이다. 또한 그들이 많은 샘플을 맛보기 때문에 감각 피로도가 높아져, 입안의 열 수용체가 보다 약한 샘플에도 제 기능을 못하게 된다. 최근 들어서는 칠리의 맵기를 측정하는 데 이 방법 대신 보다 정확도가 높고 신뢰도도 높은 액체 크로마토그래피 기법이 사용되고 있다. 이 대량 전사법은 칠리 샘플이 든 액체에 압력을 가해 펌프질로 튜브를 통과시키며 성분을 분리함으로써, 캡사이신의 정확한 수준을 측정할 수 있다.

캡사이신보다 훨씬 더 매운 것

스코빌 척도에서 캡사이신보다 스코빌 지수가 높게 나오는 화합물이 두 개 있다. 그 하나는 틴야톡신으로 순수한 캡사이신보다 331배나 더 맵고, 다른 하나는 그것보다 3배나 더 매운 레시니페라톡신이다. 이것들은 모로코와 나이지리아 북부에서 자라는 선인장처럼 생긴 두 토착 식물에서만 나오는 화합물로, 맛을 보려면 입보다 정신이 혼미해질 각오를 해야 한다.

정말 큰 용기가 필요한 일

당신이 세상에서 가장 매운 걸 맛볼 용기가 있다면, 당신이 좋아하는 음식에 스코빌 지수가 710만 SHU나 되는 매운 소스 '더 소스The Source'를 쳐보라. 아니면 블레어Blair 사의 '16밀리언 리저브(16 Million Reserve)'를 쳐보라. 이 회사는 이 순수한 캡사이신 결정체를 999병 제조했다. 이 제품 이름 중 16밀리언 즉, 1,600만은 이 캡사이신의 스코빌 지수에서 따온 말이다. 그러나 이런 제품을 사기 전에 조심하라. 캡사이신은 신경 독소로, 대량 섭취할 경우 발작 또는 심장마비 증세를 보이거나 심할 경우 죽음에 이를 수도 있다.

할라페뇨

캐롤라이나 리퍼

101

로마 병사들은 정말 월급을 소금으로 받았을까?

오늘날 직장인을 일컫는 샐러리맨의 어원이 된 'salarium(살라리움, 소금을 사기 위한 돈)'이라는 말은 아우구스투스 황제가 로마 제국을 통치하던 시절에 생겨났다. 영어의 salary, 즉 월급을 뜻하며, salt(소금)를 뜻하는 라틴어 sal에서 유래했다. 소금은 로마인의 삶에 필수품이었기 때문이다. 그렇다면 열심히 근무한 로마 병사들이 돈 대신 소금을 받은 걸까?

월급을 받는 독특한 방식

병사와 장교들 그리고 지역 총독들은 살라리움을 받았고, 소금은 물론 옷, 무기, 식량 등 그들이 필요로 하는 모든 물품을 그걸로 충당했다. 병사들은 이런 물품을 구입할 때 직접 돈을 내지 않았다. 그 비용을 나중에 살라리움에서 제한 것이다. 그러고도 남는 약 20퍼센트의 살라리움은 동전으로 지불받아 원하는 걸사는 데 썼다.

화폐 대용으로 사용될 만큼 귀한 소금

로마 최초의 대로인 비아 살라리아Via Salaria는 로마로부터 소금이 풍부한 아드리아해까지 뻗어 있다. 소금은 소중한 물품으로, 로마

제국이 그 가격을 통제했다. 그러니까 전시에
는 군비를 마련하기 위해 인상됐다가 나중엔
가난한 사람들도 살 수 있게 다시 인하되는
식이었다. 소금을 가득 실은 마차들이 비아 살
라리아 대로를 거쳐 제국 전역으로 나가 수요
를 충족시켰다.

소금은 식품첨가물 및 방부제는 물론 소독제
이기도 했으며(소금을 뜻하는 로마어 sale는 건강의
여신 살루스Salus와도 관련 있다) 심지어 화폐 대용
으로 쓰이기도 했다. 로마 공화정 시대의 정
치인 카토Cato는 자기 노예들에게 매일 20그
램 정도의 소금을 지급했다. 한 노예가 그렇
게 많은 소금을 먹을 리는 없고, 다른 노예들
과 물물교환을 한 것으로 보인다. 일부 노예들
은 소금을 사거나 팔기도 했는데, 'worth his
salt(제 밥값을 하다)'라는 말도 여기서 비롯된 것
으로 보인다.

나중에 성경에서도 소금의 가치를 강조하는
말이 나온다. 〈마태복음〉에 따르면 예수가 제
자들에게 그들이 얼마나 소중한지를 설명하
면서 "너희는 세상의 소금이니" 하는 말을 한
것이다.

짭짤한 단어들

salt 또는 sal은 다
른 많은 라틴어 단
어와 숙어에 쓰여, 소금
이 일상생활에 얼마나 소중한지를 보여준다.
salad(샐러드)는 소금 간을 한 음식을 뜻하는
salata에서 온 것이다. 소금이 야채 간을 내는
데 쓰였기 때문이다. 소금은 다산과도 관계 있
었는데, 이는 아마 짭짤한 바닷물 속에 사는
물고기가 육지 동물보다 훨씬 더 많은 새끼를
낳기 때문일 것이다. 로마인들은 사랑에 빠진
남자를 salax라고 했는데, 문자 그대로 소금
에 절여진 상태 같다는 뜻이다.

로마인과 소금

소금은 방부제 기능이 있어 로마인들의 주방에서
중요한 비중을 차지했다. 또한 터키 중부 카파도
키아에서 나는 황금빛 소금, 마른 나무의 향을 흡
수한 훨씬 진한 소금 등 형태도 다양했다. 로마인
들은 오늘날의 기준에서 보더라도 많은 소금을
소비했다. 로마 시대의 요리법을 모아 놓은 책(서
기 4~5세기에 편집된 것으로 추정) 『아피치우스
Apicius』에는 항아리 안에 그 무게만큼의 소금을
넣고 만드는 새끼 돼지 요리 얘기가 나온다.

껌의 씹는 맛은
어떻게 만들어진 걸까?

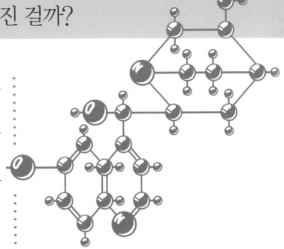

대부분의 껌은 향료, 색소, 방부제, 감미료 그리고 합성 껌 베이스로 만들어진다. 껌 특유의 씹는 맛이 나게 하는 건 바로 용해되지 않는 부분인 껌 베이스다. 껌 제조사는 식용 폴리머, 왁스, 연화제 등을 배합해 독특한 식감을 만들어낸다.

태곳적으로 거슬러 올라가는 껌의 역사

폴리머는 기본적으로 탄소와 수소를 비롯한 일련의 분자 모임이다. 껌 베이스에 들어 있는 폴리머는 인공 화합물이지만, 그 구조가 자연 상태에서 발견되는 폴리머와 같고, 껌 역시 실제 자연에서 온 것이다. 인간은 태곳적부터 뭔가를 씹어왔다. 로마 역사가 플리니Pliny the Elder(서기 23~79)가 고대 그리스인들이 즐겨 씹은 '마스티치mastich'라는 식물 유래 물질에 대해 쓴 적이 있으며, 아메리카 원주민들은 가문비나무 송진을 씹었다.

치클 송진을 베이스로 한 껌이 나오기까지

1850년대 중반, 뉴욕의 발명가 토마스 애덤스 Thomas Adams는 망명 중인 멕시코 대통령 안토니오 로페스 데 산타 안나Antonio Lopez de Santa Anna를 도와 사포딜라 나무에서 얻은 치클 송진을 이용한 일종의 고무를 개발했다. 송진은 나무껍질의 상처를 치유하는 등 천연 붕대 역할을 한다. 애덤스는 애초에 연구하던 고무 개발에는 실패했지만, 그 송진을 베이스로 사용해 보다 발전된 형태의 껌(그 이전에 나온 껌에는 가문비나무 송진이나 파라핀 왁스가 포함되었다)을 만들 수 있다는 걸 알아냈다. 그렇게 해서 나온 게 오늘날에도 팔리는 캔디를 입힌 껌 치클렛Chiclet이다. 1900년대 중반까지는 보다 나은 품질과 일관된 식감을 보여준 합성 폴리머가 널리 쓰였다. 껌의 인기가 높아져 1930년까지 멕시코의 사포딜라 숲이 25퍼센트나 파괴됐기 때문에, 합성 폴리머의 등장은 반가운 일이었다.

얇게 썬 식빵은 누가 만들었을까?

프랑스의 크루아상, 폴란드의 베이글, 에티오피아의 인제라, 인도의 파라타 등 전 세계적으로 들고 다닐 수 있는 다양한 형태의 빵이 소비되고 있다. 빵은 정말 편한 음식이지만, 한 미국 제빵사는 그마저도 그리 편치 않다고 생각했다.

얇게 썬 빵의 대성공

1928년 미국 미주리주 칠리코시에 있는 한 빵집은 세계 최초로 얇게 썬 빵을 시판했다. 발명가 오토 로흐웨더Otto Rohwedder는 미국인들이 좋아하는 빵을 보다 먹기 편하게 만들 방법을 찾으려 했다. 그는 많은 시도 끝에 가정주부들이 가장 좋아할 만한 빵 두께(1.27센티미터 이내)를 계산해냈지만, 제빵사들은 여전히 회의적이었다. 빵을 미리 썰어놓으면 더 빨리 상할 걸 우려한 것인데, 실제 그랬다. 로흐웨더의 해결책은 각 빵의 끝에 U자 모양의 핀을 끼워 제 모양과 신선도가 유지되게하는 것이었다. 모터로 작동되는 빵 슬라이서는 대히트를 해서, 미래 지향적인 멋진 아이디어를 가리키는 영어 문구 'the best thing since sliced bread(얇게 썬

빵 이후 최고의 아이디어)'라는 말까지 생겨났다.

범국가적 통밀 빵

제2차 세계대전 중 미국에서는 전시의 자원 보존 정책에 따라 강철 빵 슬라이서 제작이 금지되었다. 그러나 그 금지령은 비난이 워낙 거세 단 두 달 만에 풀렸다. 흰 밀가루를 수입에 의존하던 영국의 경우 정부에서 껍질을 비롯한 밀알 전체를 활용하자는 '범국가적 통밀 빵' 정책이 도입되었다. 그러나 그 정책은 식량 배급이 행해진 기간 내내 별 인기를 끌지 못했다. 반면에 독일의 경우 나치 정권이 Kriegsbrot 즉, '전쟁 빵'을 도입해, 국민들은 호밀과 밀과 감자 가루(가끔 톱밥도 섞였다)로 만든 빵을 질리도록 먹어야 했다.

어떤 청량음료가
'찌꺼기'로 만들어졌을까?

환타Fanta는 제2차 세계대전 중 독일에 대한 무역 금지령이 내려진 가운데 태어났다. 막스 카이트Max Keith는 1933년 코카콜라 독일 공장을 인수했는데, 6년 후 전쟁이 발발하자 연합군의 무역 금지령 때문에 미국에서 콜라 원액을 들여오는 게 불가능해졌다. 그러자 카이트는 직원들에게 상상력을 동원해보라는 과제를 주었다.

약간의 상상력 또는 환상

제2차 세계대전 발발 당시 독일에는 43개의 코카콜라 공장과 600개의 지역 보급소가 있었다. 매출 기록은 매년 갱신되었고 코카콜라는 유럽 전역에서 인기를 끌게 되었다. 그 많은 고객을 잃고 싶지 않았던 카이트가 자기 공장 제품 개발팀에 거는 기대는 정말 컸다. 그런데 '상상력'에 해당되는 독일어는 fantasie 즉 환상이었고, 환타라는 새로운 혼합물을 만드는 데 독일 발명가들이 활용한 게 바로 환상이었다.

쓰고 남은 찌꺼기들의 총합

오늘날 우리가 알고 있는 환타는 다양한 과일

맛이 나고 세계 188개 시장에서 팔리고 있는데, 처음 나온 환타라는 음료는 지금 것과는 전혀 달라 색도 연한 게 진저에일 비슷했다. 당시 그들이 마음대로 쓸 수 있었던 재료는

다른 식품 제조 시설에서 쓰고 남은 '찌꺼기들'과 유청, 사과 압착 과정에서 나오는 사과 찌꺼기, 사탕무 등이었다. 1943년 환타 300만 케이스가 생산되었는데, 그 모든 게 음료로 팔린 건 아니었다. 이 달콤한 음료는 독일에서 설탕이 배급되던 몇 년간 수프와 스튜 등의 맛을 내는 데도 쓰였다. 이 전통은 환타 이름을 딴 인기 있는 케이크 환타쿠헨Fantakuchen에서 지금까지도 이어지고 있다.

특별한 역사를 가진 음료

특이한 역사를 가진 청량음료는 환타뿐만이 아니다. 몇 가지 다른 음료를 소개한다.

닥터 페퍼 닥터 페퍼Dr. Pepper는 텍사스의 한 약국에서 일하던 약사에 의해 만들어졌다. 소다파운틴 같은 냄새가 나는 청량음료를 만들려고 하다 탄생된 것이다. 완벽한 조제법을 알아낸 그 약사는 자신의 음료를 약국 사장에게 맛보였는데, 그 사장이 아주 좋다며 자기 약국에서 팔게 한 것이다.

마운틴 듀 미국 텍사스주 테네시의 바니 하

트먼Barney Harman과 앨리 하트먼Ally Hartman 형제는 소다 위스키를 좋아했는데, 1930년대에 들어 자기 고향에서 좋아하는 브랜드를 구할 수 없게 되었다. 그래서 직접 자신들의 소다 위스키를 만들기로 했고, 그 결과 탄생한 것이 바로 마운티 듀Mountain Dew다.

세븐 업 1929년에 '빕-라벨 리튬화된 레몬-라임 소다'라는 음료가 출시됐다. 이 음료에는 1930년대에 정신병 치료에 널리 쓰인 진정제 성분인 구리산리튬이 들어 있었다. 이 음료 이름에는 한동안 이 별난 성분명이 들어갔으나, 1950년에 이르러 그 이름이 보다 기억하기 쉬운 세븐 업7 Up으로 바뀌었다.

미국으로 역수출한 환타

현지 오렌지 원료를 사용한 최초의 환타 오렌지병 제품은 1955년 이탈리아 나폴리에서 판매되었다. 환타는 코카콜라 사 제품 가운데 코카콜라 다음으로 많이 팔리는 음료가 되었다. 그러나 1960년 미국 시장에 처음 소개될 때는 환타가 유럽에서 생긴 음료라는 걸 강조해 이렇게 광고했다. "프랑스 아가씨들도 환타를 사랑한다! (그러니 당신도 그럴 것이다!) 해외에서 온 톡 쏘는 음료다."

독일에는 푸딩 킹이 있었다는데?

독일 군주 조지 1세George I는 1714년 영국 왕위에 올랐는데, 그때가 바로 크리스마스 몇 달 전이었다. 자신의 왕위 계승식을 보다 특별하게 만들기 위해, 그는 자신이 왕위에 오른 첫해 크리스마스 축제 음식에 전통적인 크리스마스 푸딩을 포함시키고 싶어 했다. 그 뒤로 그는 푸딩 킹Pudding King이라는 애칭으로 불리게 된다.

크롬웰의 크리스마스 축제 금지령

이 푸딩 선언은 주목할 만한 가치가 있는데, 그건 67년 전에 영국 의회가 크리스마스 축제를 금지시켰기 때문이다. 이는 급진파 군대를 이끌고 영국 왕 찰스 1세King Charles I를 축출한 올리버 크롬웰Oliver Cromwell 치하에서 일어난 일이었다. 크롬웰과 그의 청교도 추종자들은, 하나님은 예수의 탄생을 그런 낭비와 사치 속에 기리길 원치 않을 거라며 크리스마스 축제를 죄악시했다. 그 금지령은 1660년 왕정 복구 때까지 지속됐다. 그 기간 동안에는 캐럴을 부르거나 호랑가시나무나 담쟁이덩굴로 장식을 하거나 전통적인 축제 음식을 즐기는 것도 사실상 불법이었다. 크리스마스와 푸딩

을 비롯한 많은 음식 및 장식은 18세기에 이르러 완전히 되살아났다.

왕족의 이름을 붙인 우아한 케이크

맛있는 디저트와 관련 있는 왕족이 비단 조지 1세뿐만은 아니었다. 노르웨이에서는 스웨덴과 노르웨이 칼 군주Prince Carl의 딸들을 가르친 한 여성이 연두색 아이싱이 돋보이는 돔 모양의 디저트 케이크인 프린세스토르타Prinsesstårta(공주 케이크)를 만들었다. 마지팬을 입힌 체커판 모양의 분홍색과 노란색의 스펀지 케이크인 바텐베르크 케이크는 영국 공주 빅토리아와 독일 바텐베르크 왕자 루이스의 결혼식을 축하하기 위해 만들어진 것이었다. 그리고 향신료 친 버터크림을 바른 머랭 스펀지 케이크인 에스테르하지토르타는 헝가리 군주 폴 3세 안톤 에스테르하지 데 갈란타의 이름에서 따온 것이다.

사람들은 차와 커피 중
어떤 걸 더 좋아할까?

어떤 사람들의 경우 차와 커피 중에 하나를 고르는 건 가장 친한 두 친구 중에 하나를 고르는 것만큼이나 어렵다. 그러나 많은 경우 차와 커피에 대한 선호도가 분명한데, 그 선호도는 거주 국가에 따라 달라지는 경향이 있다. 차와 커피가 하루를 시작하면서 마시는 유일한 음료는 아니겠지만, 대부분의 국가에서는 이 둘 중 하나를 마신다.

전 세계 사람이 매일 아침 차 한 잔

18세기까지만 해도 커피는 주로 이슬람 국가에서 생산되고 즐겼으며 차는 동아시아에서 인기가 높았지만, 1800년대에는 자유무역 덕에 이 모든 게 바뀌었다. 생산과 소매 판매 그리고 즐기는 국가 수라는 측면에서는 커피가 압도적인 듯하다. 커피는 매년 850만 톤이 생산되는데, 이는 470만 톤인 차의 두 배에 가깝다. 그러나 커피는 한 잔 타는 데 10그램이 필요한데 차는 2그램이면 된다는 걸 감안하면, 전 세계적으로 커피는 매년 8,500억 잔을 탈 수 있는 양이 생산되지만, 차는 무려 2조 3,500억 잔을 탈 수 있는 양이 생산된다. 이는 한 사람당 마시는 차가 매년 335잔, 즉 거의 매일 한 잔씩이라는 뜻이다.

전설 속의 차 한 잔

전설에 따르면, 차는 기원전 2700년경에 태어났다. 고대 중국 '농업의 아버지'로 불리는 전설적인 통치자 신농이 하루는 항아리에 마실 물을 끓이면서 동백나무 아래에서 낮잠을 잤다. 그때 나무에서 마른 잎이 떨어져 물속으로 들어가 달여졌고, 그렇게 해서 최초의 차가 만들어졌다.

어떤 음식이 행운을 가져다줄까?

통통한 소시지를 우적우적 씹고, 콩 한 그릇을 후딱 먹어치우고, 메밀국수를 후루룩 먹고 싶지 않은가? 세계 각지의 음식 관련 미신은 그 해에 부와 번영을 갖다주는 것과 관련 있으며, 그래서 새해 첫날 이 세 가지 음식을 다 먹는다면 아마 정말 운 좋은 한 해가 될 것이다.

새해의 부를 부르는 새끼 돼지 요리
스페인, 쿠바, 헝가리, 포르투갈 등에서는 새해 축제 음식에 새끼 돼지 요리가 포함된다. 민속에 따르면 돼지는 전진을 상징하

는 동물이다. 늘 먹을 걸 찾아 땅을 파헤치며 앞으로 나아가는데다가, 돼지의 풍부한 지방이 부와 번영을 상징하기 때문이다. 독일인들은 새해에 다양한 돼지고기 소시지를 먹으며, 그 이웃 오스트리아인들은 새해 저녁 식탁에 마지팬으로 만든 새끼 돼지 요리를 내놓는다. 그러나 새해 첫날 칠면조는 먹지 않는 게 좋다. 닭과 칠면조는 먹을 걸 찾아 땅을 파며 뒤로 가는데, 그래서 매사에 차질을 주고 힘들게 만들 거라 믿기 때문이다.

풍요를 불러오는 생선
해산물은 건강에도 아주 좋지만 행운도 가져다준다는 말이 있다. 생선이나 해산물을 좋아하는 사람이라면 기분 좋을 것이다. 대구 요리는 중세 시대 이래로 축제 음식으로 인기가 높다. 물고기는 한 번에 알을 많이 낳기 때문에, 오랜 세월 다산 내지 풍요의 상징으로 여겨졌다. 일본에서는 새해가 되면 '주바코(찬합)'라는 조그만 음식 박스에 행운을 가져다주는 음식을 가득 담는데, 거기에 장수와 풍요 그리고 풍작을 가져다줄 새우, 청어알, 정어리 등이 포함된다.

돈을 상징하는 콩

씨앗처럼 생긴 콩은 돈을 상징하며, 그래서 여러 문화권에서는 앞으로 돈이 많이 들어오게 해달라고 콩 요리를 먹으며 새해를 맞는다. 브라질에서는 새해에 팥죽이나 팥밥을 해 먹으며, 미국 남부에서는 동부콩으로 호핑 존Hoppin' John이라는 요리를 해 화폐를 상징하는 녹색 잎채소와 함께 먹는다.

한입에 후루룩거리며 먹는 음식

워낙 소화가 잘 되는 음식이라 배는 좀 고프겠지만 새해 첫날 메밀국수 한 그릇을 먹는다면, 아마 장수하는 데 도움이 될 것이다. 일본과 중국을 비롯한 아시아 국가에서는 긴 메밀국수 한 그릇을 자르거나 씹지 않고 먹으면 장수한다는 믿음이 있다. 그러나 반드시 자정 전에 먹어야 하며, 그러지 않을 경우 불운이 온다고 한다.

상징으로 가득한 중국인들의 새해 음식

중국인들의 새해는 각종 장식과 선물은 물론, 음식에 대한 온갖 상징으로 차고 넘친다. 발음이 중국어의 '금', '행운' 또는 '돈'과 비슷한 음식을 많이 볼 수 있다. 예를 들어 탄제린(귤)과 오렌지를 많이 먹는데, 중국어 '돈'의 발음이 '오렌지'와 비슷하며, '행운'의 발음이 '탄제린'과 비슷하기 때문이다. 녹색 잎은 장수를 상징해, 잎이 달린 오렌지가 훨씬 더 큰 행운을 갖다준다고 한다.

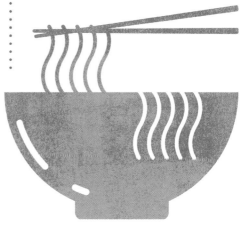

술을 마시면 정말 몸이 따뜻해질까?

겨울 추위를 몰아내는 데 독한 술을 한 잔 마시는 것보다 더 좋은 것도 없다. 그러나 조심하라. 술을 마시면 피부가 벌게지면서 몸이 금방 따뜻해지지만, 중심 체온은 오히려 떨어진다.

체온이 떨어져도 계속 따뜻한 것으로 인지

술에 함유되어 있는 알코올인 에탄올은 혈관을 확장시킨다. 특히 피부 바로 밑에 있는 모세혈관을 확장시킨다. 따라서 피부 아래쪽 혈류량이 증가하게 되는데, 술을 마시면 몸이 벌게지는 것은 바로 이 때문이다. 또한 몸도 더 따뜻해지는 것처럼 느껴지는데, 혈류량이 증가하면서 피부 온도 상승을 감지하는 피부의 열 감지 신경세포가 활성화되기 때문이다. 이 경우 따뜻한 실내에 있을 때는 상관없지만 추운 바깥으로 나갈 때 위험해진다. 이때 우리가 추위를 느끼는 건 대개 혈관이 수축되면서 혈액이 피부에서 빠져나가 오장육부로 들어가 그것들을 따뜻하게 만들기 때문이다. 따라서 너무 많은 혈액이 피부 쪽에 몰려 있을 경우 갑자기 식을 때 추위를 제대로 느끼지 못해 저체온증이 나타날 위험이 아주 높다.

알코올이 체온을 떨어뜨리는 메커니즘

알코올은 중심 체온을 떨어뜨릴 뿐 아니라, 몸의 자연스런 반사 작용을 방해해 체온이 오르는 것까지 막는다. 대개 중심 체온이 떨어지면 몸을 떨게 되는데, 그건 온기를 만들기 위해 골격근이 떨면서 나타나는 자연스런 반사 작용이다. 그런데 미국 육군환경의학연구소의 연구에 따르면, 알코올은 몸이 떠는 걸 중단시켜 체온을 다시 올리는 게 한층 더 어려워진다고 한다. 2005년에 나온 한 연구에 따르면, 피부 밑의 혈류량이 증가하면 또 다른 반사 작용인 땀 흘리기가 활성화돼 중심 체온이 더 빠른 속도로 떨어진다고 한다.

술을 마실 때 몸에서 일어나는 반응

술을 많이 마시면 몸이 따뜻해지는 게 아니라 오히려 체온이 떨어지며 다른 많은 부작용을 경험하게 될 수도 있다.

통증이 둔화된다. 알코올은 감각 신경이 뇌로 보내는 신호를 약화시킴으로써 통증 지각을 둔화시킬 수도 있다. 그러나 이런 현상은 시간이 지나면서 약화되어, 같은 효과를 얻기 위해서는 점점 더 많은 술을 마셔야 한다.

억제 능력이 떨어진다. 알코올은 의사 결정 및 사회적 행동, 정보 처리 등에 관여하는 뇌 부위인 대뇌피질의 억제 조절 능력을 떨어뜨리기도 한다.

기분이 좋아진다. 알코올은 실제 코티코스테론과 코티코트로핀 같은 스트레스 호르몬의 분비도 늘리지만, 기분 좋게 만들어주는 화학 물질인 도파민의 분비도 늘려, 계속 술을 찾게 한다.

잠을 잘 못 자고 기억력이 떨어진다. 알코올은 졸립게도 만들지만, 너무 많이 마실 경우 양질의 수면 시간이 현저히 줄어들고, 뇌의 기억 통합 능력 또한 떨어지게 한다.

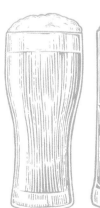

'네덜란드인의 용기'란 말은 어떻게 생겨났을까?

진 토닉 한 잔을 쭉 들이키면 불안한 마음이 진정된다는 건 부인할 수 없는 사실이다. '네덜란드인의 용기(Dutch courage)'란 말은 30년 전쟁(1618~1648) 중에 생겨난 것이라고 한다. 당시 네덜란드와 손잡고 싸운 영국 병사들은 네덜란드 병사들이 전투 전에 마시는 술 게네베르genever에 푹 빠지게 된다.

네덜란드인들의 진 게네베르

'오렌지 공'이라 불리는 윌리엄 3세는 1688년 영국에 도착하자마자 바로 진 증류법 규제를 풀었고, 그 바람에 진 생산 및 소비 붐이 일어

났다. 우리가 알고 있는 미묘한 맛의 진은 19세기까지도 나타나지 않았다. 따라서 당시의 진이라는 것은 네덜란드에서 인기 있는 진인 게네베르의 조악한 버전으로, 윌리엄 공이 진 증류법 규제를 풀기 전까지는 주로 수입품에 의존했다. 현재도 네덜란드에서 베스트셀링 증류주인 게네베르는 향나무와 많은 양의 설탕에서 증류한 몰트 와인으로, 그 맛이 진보다는 셰리(일종의 백포도주)에 더 가깝다.

런던 드라이 진

1827년 연속식 증류기라는 새로운 증류 장치가 발명되면서, 영국 증류주 제조업체들은 이전 증류주와는 달리 맛을 속이거나 달게 만들 필요가 없는 보다 순수한 증류주를 생산할 수 있게 되었다. 그렇게 해서 런던 드라이 진이 탄생했고, 영국의 진이 세계를 지배하게 된다. 현재 영국은 세계 최대 진 수출국이다.

음식

FOOD AND DRINK

맛있는 이야기로 머릿속을 가득 채웠는가?
잔에 커피나 차를 가득 따른 뒤 다음 음식 퀴즈를 풀어 보라.

Questions

1. 술을 마실 경우 저체온증에 걸릴 위험이 더 커지는가 줄어드는가?

2. 차와 커피 중에 어떤 음료가 매년 더 많은 잔 수만큼 생산되는가?

3. 빅토리아 스펀지케이크 이름은 유명한 군주의 이름에서 따온 것인가?

4. 로마 시대의 살라리움은 병사들이 전투 후에 가서 쉴 수 있는 온천 휴양지였다. 맞는가 틀리는가?

5. 토마스 애덤스는 치클 송진 실험 과정에서 어떤 유명한 당과 제품을 개발했는가?

6. 기계로 썬 빵은 어느 나라에서 발명되었는가?

7. 스코빌 척도는 태양과 칠리와 사하라 사막 중 어떤 것의 열을 재는 것인가?

8. 한 텍사스 약사에 의해 만들어진 유명한 청량음료는 무엇인가?

9. '네덜란드인의 용기'로도 불리는 게네베르는 어떤 술의 선구자였는가?

10. 뭔가를 먹을 때 늘 앞으로 나아가기 때문에 많은 나라에서 전진의 상징이 동물은 무엇인가?

Answers

정답은 244페이지 참조.

아름다움을 위한 성형수술은
언제 시작됐을까?

62

흑사병은 정말 중국에서 시작된 병일까?

흑사병은 인류 역사상 가장 무서운 질병 중 하나로, 1300년대에 유럽 인구의 30퍼센트에서 60퍼센트에 달하는 약 7,500만 명에서 2억 명에 가까운 사람이 목숨을 잃었다. 세계 총인구가 워낙 크게 줄어 이후 300년 가까이 회복되질 않았다.

대체 어디에서부터 시작됐나?

가래톳 페스트(림프절 페스트)의 최초 발생지는 불확실하나, 1300년대에 극동 지역에서 시작된 걸로 보인다. 세균을 보유한 벼룩과 설치류에 의해 퍼진 이 병은 교역로를 따라 서진하면서 사람들을 대량 살상했다. 동로마 제국에선 흑사병을 '대살상Great Dying'이라 불렀다. 이 병은 북쪽과 서쪽으로 퍼져나가, 1348년에는 영국에, 1349년에는 노르웨이에, 그리고 1351년에는 마침내 러시아 북서부까지 퍼졌다.

신속하고 치명적인

가래톳 페스트의 초기 증상은 열과 검은 고름 종기(감염에 따른 림프절 염증)였다. 감염된 사람들은 거의 다 이틀 이내에 숨졌다. 완화시키거나 치유할 방법은 거의 없었다. 가래톳 페스트는 감염된 벼룩에게 물리면서 발생하지만, 드물게는 감염된 사람으로부터 공기 중에 떠다니는 미세한 물방울을 통해 폐 페스트(감염이 폐로 번지면서 발생)가 전염되기도 했다. 가래톳 페스트는 사망률이 30~75퍼센트인데 반해, 폐 페스트는 90~95퍼센트에 달했다.

다시 발생할 수도 있을까?

흑사병은 결국 수그러들었지만, 지금도 동물들 속에 여전히 남아 있어 가끔씩 발병하곤 한다. 이 병의 확산을 막고 있는 요인 중 하나는 1300년대에는 거의 존재하지도 않았던 개인위생의 발전이다. 요즘은 시신을 공동묘지에 매장하지 않고 주로 화장을 하며, 식수를

끓여 먹는 것도 흑사병 확산을 막는 또 다른 요인이다. 물론 가장 효과적인 대책은 발병을 좁은 지역 내로 한정시키는 격리다.

교역 장소들

칭기즈 칸에게 흑사병의 책임을 물을 수야 없는 일이지만, 그가 끊임없이 극동 지역을 정복한 결과 '실크로드'까지 망라하는 몽고 제국이 탄생했다. 그 바람에 군인과 무역상과 여행객들이 실크로드를 따라 자유롭게 이동할 수 있게 됐고, 흑사병 또한 빠른 속도로 유럽까지 퍼져갈 수 있었다. 그로 인해 중국에서만 1,300만 명이 숨진 걸로 보인다.

"가래톳 페스트의 최초 발생지는 불확실하나, 1300년대에 극동 지역에서 시작된 걸로 보인다."

119

63

세상은 금발 여성에게 더 유리할까?

신사들이 금발 여성을 더 좋아
하고 금발 여성들이 더 많
은 재미를 본다는 얘기는
1950년대의 영화와 광고에
서 흔히 나왔던 얘기로, 그
런 현상은 지금까지도 이어
지고 있다. 그런데 금발 여성
이 흑갈색 머리나 빨강 머리
여성보다 나은 대접을 받는다는
사실은 과학적으로도 입증되고
있다.

"금발
웨이트리스가
더 많은 팁을 받으며,
금발
히치하이커가
자동차를 얻어 탈
가능성이 더 높다."

DNA는 거짓말을 하지 않는다

많은 사람들이 머리카락 색깔은 주로 DNA에
의해 결정되며, 심지어 지능과 성격에도 영향
을 준다고 생각한다. 그런데 미국 스탠퍼드대
학교의 연구 결과, 금발와 다른 머리 색깔 간
의 차이를 결정짓는 건 사실 DNA 코드 내 32
억 개의 '글자' 중 단 한 글자라는 사실이 드
러났다. 연구진은 실험실 쥐에게서 '금발
스위치'를 찾아냄으로써, 다른 부위의 생
물학 상태를 바꾸지 않고도 털 색깔을 극
적으로 바꿀 수 있었다.

금발 여성이 더 많은 수입을 올린다

금발 여성들이 사회적 · 문화적으로 다른 인
식과 대접을 받지 않는다고 얘기하긴 어렵다.
호주 퀸즐랜드 공과대학교의 연구에 따르면,
백인 금발 여성들은 다른 동료들에 비해 7퍼
센트 이상 더 많은 수입을 올린다고 한다. 게
다가 금발 여성들이 머리카락 색깔 덕에 금전
적으로 이득을 본다는 연구는 그 외에도 많다.

신사를 끌어당기는 금발

여러 연구 결과가 금발 여성이 유리한 점을

밝히고 있다. 그러니까 금발 여성의 경우 모금 행사에서 더 많은 기부금을 받고 서빙 시더 많은 팁을 받으며 히치하이킹을 해도 자동차를 얻어 탈 가능성이 더 높다는 것이다. 금발 여성의 경우 남성들이 접근할 가능성이 더높다는 연구 결과도 많다. 한 여성에게 16일간 밤에 한 나이트클럽에서 서로 다른 색깔의가발을 쓰게 한 연구도 있었는데, 금색 가발을썼을 땐 남성 127명이, 흑갈색 가발을 썼을 땐84명이, 검은 가발을 썼을 땐 82명이 그리고빨간 가발을 썼을 땐 29명이 다가왔다. 금발여성들이 남성과 사귀게 될 가능성이 더 많지만, 그만큼 원치 않는 관계도 잘 막아내야 한다는 얘기다.

금발에 대한 다윈의 관심

빅토리아 시대의 자연 연구가 찰스 다윈 Charles Darwin은 자연 도태에 의한 진화론을다룬 『종의 기원On the Origin of Species』을 썼다. 그 책이 나오고 10년 뒤에 그는 머리카락색깔이 여성의 결혼 가능성 및 출산에 미치는영향에 관심을 갖게 됐고, 그래서 금발 여성들이 실제 남성들에게 인기가 더 많은가 하는

문제를 아주 진지하게 다뤘다. 영국의 금발 여성들이 미혼으로 남을 가능성이 더 높으며 그래서 총 인구 대비 금발 여성 비율이 줄고 있는지를 알아내기 위해, 그는 자기 아들과 함께한 의사가 모은 자료를 조사해 보았다. 후에그는 그런 증거는 충분치 않으며, 흑갈색 머리여성들의 결혼 비율이 더 높은 건 나이가 들면서 자연스레 머리카락 색깔이 어두워지기때문이라는 결론을 내렸다.

눈 색깔이 당신에 대해
말해주는 것은 무엇일까?

흔히 눈은 마음의 창이라고 한다. 물론 누군
가의 눈을 뚫어져라 쳐다본다 해서 그 마음을
읽을 수 있다는 건 아니지만, 혈통, 건강, 통증
한계점, 알코올 내성 등 눈을 보고 알 수 있는
것은 제법 많다.

당신의 유전자 속에

과학자들은 유전자 하나가 눈 색깔을 결정
한다고 믿어왔다. 그러나 지금은 여러 유전
자, 즉 13개나 되는 유전자가 눈 색깔 결정
에 참여한다는 것이 밝혀졌다. 특히 OCA2와
HERC2라는 두 유전자가 가장 큰 역할을 하
는데, 우리는 이 두 유전자를 부모로부터 하
나씩 복사해 온다. 이 두 유전자는 색깔에 영
향을 주는 다른 유전자들과 함께 다양한 색
을 만들어내며, 홍채 내 멜라닌 스트로마 세
포에 의해 생산되는 멜라닌의 양을 결정한
다. 생산되는 멜라닌이 많을수록 눈은 갈색
에 가까워진다. 과학자들은 약 6,000년에서
1만 년 전까지만 해도 모든 인간은 갈색 눈
을 갖고 있었으나, 유전학적 돌연변이로 인
해 멜라닌 생산이 억제되면서 푸른 눈을 가
진 인간이 처음 생겨났다고 믿고 있다. 푸른
눈을 가진 사람들은 모두 같은 조상의 후손
일 가능성이 높다.

아기들의 푸른 눈

막 태어난 아기들은 눈에 멜라닌이 적어 눈 색깔이 푸른색인 경우가 많으며, 3살이 되면 진짜 눈 색깔이 나타난다. 아프리카나 아시아 계통의 아기들 중 일부도 푸른 눈을 갖고 태어나지만, 대부분은 태어날 때 눈에 멜라닌 수치가 더 높아 갈색 눈을 갖게 된다. 눈 색깔이 가장 다양한 건 유럽인인데, 갈색이 가장 많고 그 다음이 푸른색 또는 회색, 가장 적은 건 초록색이다.

눈 색깔이 밝을수록 위험하다

눈 색깔과 백반증 같은 특정 건강 상태에 관련된 연구는 늘 있었다. 한 미국 연구팀은 연구 대상인 피부 질환 환자 3,000명 가운데 황갈색이나 갈색 눈을 가진 사람에 비해 푸른 눈을 가진 유럽 혈통의 사람이 눈에 띄게 적다는 걸 발견했다. 밝은 색깔의 눈이 자외선에 더 민감하며, 그래서 홍채에 흑색 종양이 생길 위험이 더 크다.

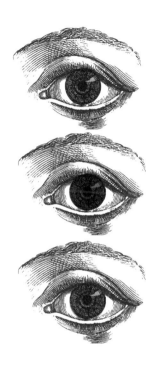

통증과 알코올

서로 다른 색깔의 눈을 가진 여성들의 분만 통증에 대한 한 연구에 따르면, 색깔이 짙은 눈을 가진 여성들이 육체적 통증도 더 심하고 불안감이나 우울한 생각도 더 많았다. 그러나 이 여성들에게도 좋은 점이 있는데, 밝은 색깔의 눈을 가진 여성들이 알코올을 더 많이 마셔 알코올 중독에 걸릴 가능성이 더 높다고 한다.

일반 감기는 정말 그렇게 일반적일까?

'일반 감기'는 코와 목과 기도에 가벼운 감염을 일으키는 200종 이상의 바이러스와 관련이 있다. 그 바이러스 중 약 절반은 보다 일반적인 인간 리노바이러스(HRV)로, 전체 감기의 약 40퍼센트를 일으킨다. 그래서 일부 '일반 감기'는 다른 감기들보다 더 일반적이다.

일반적으로 말하자면

인간 리노바이러스 하나의 알려진 변종만 100가지가 넘어, 감기 백신을 만드는 건 불가능하다. 그 결과 종종 전염병으로 여겨지기도 하는 감기의 경우, 성인들은 매년 2~4번 정도 감기에 걸리고 아이들은 더 자주 걸린다. 그러나 일단 감기에 걸리면 당신 몸에서 해당 바이러스에 대한 항체가 만들어져, 감기에 자주 걸릴수록 이후 감기에 걸릴 가

능성이 준다.

50세가 넘으면 10대에 비해 감기에 걸릴 가능성이 50퍼센트 적어진다. 또한 많은 연구 결과에 따르면 생활 방식이 더 건강하고 잠을 더 많이 자고 스트레스를 덜 받는 사람들이 감기에 덜 걸린다고 한다. 운이 좋아 텔로미어(백혈구에 씌워진 작은 '모자'로 염색체 손상을 막아준다)가 더 긴 사람들은 일반 감기에 덜 걸린다는 연구도 있다.

감기의 사회적 비용

미국에서 감기 시장은 처방전 없이 파는 약값만 연간 50억 달러가 넘을 만큼 거대한 시장이다. 그러나 사회 전체가 치러야 하는 비용은 훨씬 더 크다. 미국에서 감기로 인해 직장 및 학교가 입는 손실은 1억 1,000만 달러에 달하며, 매년 입는 생산성 손실도 250억 달러나 되는 것으로 추정된다.

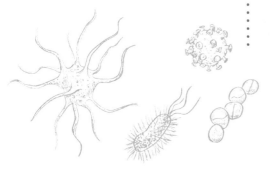

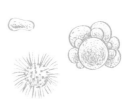

상심으로 인해 사람이 죽을 수도 있을까?

'상심 증후군'이라고도 불리는 스트레스성 심근증은 건강한 심장에 악영향을 미치기도 한다. 또한 여성은 남성에 비해 가슴 통증을 더 자주 겪으며 가끔 심장마비라는 오진을 받기도 하는데, 이는 정신적 스트레스를 받을 때 스트레스 호르몬이 급증하기 때문이다.

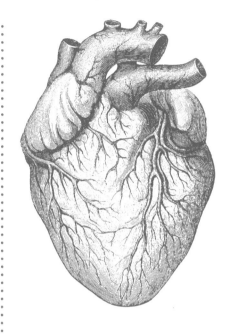

상심으로 인한 죽음

타코츠보 심근증이라는 병이 있다. 타코츠보는 바닥이 둥글고 목이 좁은 문어 잡이용 항아리를 가리키는 일본어로, 타코츠보 심근증을 겪을 때 심장의 왼쪽 심실이 그 항아리 모양이 된다. 왼쪽 심실이 커지면 심장이 제대로 펌프질을 하지 못해 심장박동이 비정상적이 되며, 그걸 치료하지 못할 경우 심장마비에 이를 수도 있다. 호흡 곤란 및 극심한 흉통 같은 증상도 나타난다. 타코츠보 심근증에는 특별한 치료법이 없으며, 증상을 완화시키기 위해 약을 처방받을 수는 있다. 결국 상심으로 인해 죽을 수도 있으나, 대부분의 경우 몇 주 이내에 완전히 회복된다.

죽을 만큼 사랑하다

스트레스성 심근증 환자의 4분의 3은 최근에 사별 또는 트라우마성 이별 같은 극단적인 고통을 겪었거나 심지어 복권 당첨 같이 너무 기쁜 충격을 받는 등, 극심한 정신적·육체적 스트레스를 받은 사람들이다. 스트레스성 심근증은 오랜 세월 해로한 부부가 짧은 간격으로 세상을 떠나는 이유가 되기도 한다. 배우자의 입원 후에 사망 위험이 높아지지만 6개월이 지나면 그 위험이 줄어든다는 연구도 있다.

초콜릿은 정말 치매를 고치는 데 도움이 될까?

북미와 유럽인들은 초콜릿을 많이 먹는다. 우리는 이 달콤한 갈색 간식이 뱃살을 늘리는 데 한몫한다고 생각하지만, 일부 과학자들은 사람들에게 초콜릿을 적절히 먹으라고 적극 권유한다.

오직 최고의 것들만

그러나 아무 초콜릿이나 좋다는 건 아니다. 코코아를 추출하는 카카오 안에는 면역력을 높여주는 항산화제가 들어 있다. 그뿐 아니라 몸에 좋은 것들이 아사이베리 같은 소위 슈퍼푸드보다 더 많이 들어 있다. 자연 상태의 코코아 가루와 다크 초콜릿도 좋은 음식이다. 우유와 설탕, 크림이 함유된 초콜릿과는 달리, 최소한 65퍼센트의 카카오가 함유된 다크 초콜릿은 조금만 먹어도 몸에 좋다.

목이 간질간질한 기침에는

2012년에 영국 국민건강보험이 실시한 한 조사에 따르면, 카카오에서 추출하는 화학물질 테오브로민을 복용할 경우 잘 낫지 않는 기침 환자 중 60퍼센트가 드라마틱한 효과를 본다고 한다. 테오브로민이 감각신경의 활동을 막

아 기침 반사(기침을 해 이물질을 몸 밖으로 내보내려는 인체 반응)를 억제한다는 연구도 있다.

다크 초콜릿의 놀라운 효과

다크 초콜릿은 목이 간질간질한 기침에만 좋은 게 아니다. 카카오로 치유할 수 있는 병은 다음과 같다.

• **치매** 미국 하버드대학교 연구팀은 매일 핫 초콜릿 두 잔을 마시면 노인들의 정신 기능이 좋아질 수 있다는 걸 발견했다. 그들은 뇌로 향하는 혈류를 측정했다. (인지 기

능에는 정상적인 수준의 혈류가 필수다.) 혈류 장애가 있던 한 그룹은 한 달 후 8퍼센트나 개선됐다.

- **암** 한 연구에 따르면, 초콜릿을 규칙적으로 먹는다 해서 암이 예방되진 않지만, 초콜릿에 들어 있는 펜톤이 암세포를 분열시키는 단백질을 비활성화시킨다고 한다.
- **당뇨병** 당뇨병 환자는 무조건 초콜릿을 멀리해야 할까? 그렇지 않다. 이탈리아에서 행해진 한 연구에 따르면, 다크 초콜릿에 든 플라보노이드가 혈압을 낮춰주고 당의 신진대사를 높여 당뇨병에 도움이 될 수도 있다고 한다.

고대 문명에서도 필수품이었던 초콜릿

초콜릿의 이점을 과학적으로 연구한 것은 매우 오래된 일이다. 초콜릿의 현대사는 1500년대에 스페인인들의 남미 탐험으로 시작됐지만, 카카오는 고대 문명에서도 필수품이어서, 교역에도 쓰였고 신들에게도 바쳐졌다. 1590년에 현재의 멕시코에 살았던 한 스페인 수도사가 쓴 〈플로렌틴 코덱스The Florentine Codex〉라는 문서에는 초콜릿의 여러 가지 효험(천식, 협심증, 암 증상의 호전, 기력 향상, 불안감 완화 등)이 나와 있다.

초콜릿을 가장 많이 먹는 나라는?

미국에서만 한 사람이 매년 5킬로그램 정도의 초콜릿을 소비한다. 그러나 초콜릿을 가장 많이 먹는 20개 국가 중 16개는 유럽 국가들이다. 2015년도 〈포브스〉 지 설문 조사에 따르면, 스위스인들이 정확히 9킬로그램으로 1인당 가장 많은 초콜릿을 먹는다.

쌍둥이는 정말 서로 텔레파시가 통할까?

신기할 정도로 육체적으로 닮았고 DNA와 혈액형까지 같은 쌍둥이, 특히 일란성 쌍둥이는 늘 과학자들의 관심을 끌었다. 쌍둥이에 대한 학문인 쌍생아학은 지난 몇 년간 여러 놀라운 결과를 밝혀냈다. 그러나 쌍둥이 간의 초감각적 지각(ESP)에 관한 한, 그걸 뒷받침해줄 만한 일화는 많지만 과학적 증거는 아직 없다.

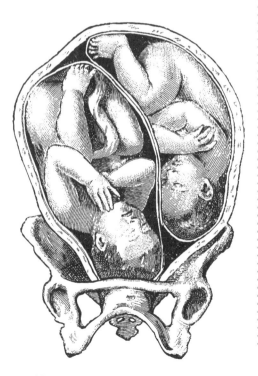

감정적으로 서로 통하는

쌍둥이는 한쪽이 출산을 했는데 다른 한쪽도 복통을 겪었다거나, 서로 떨어져 살았는데 나중에 같은 이름을 가진 배우자와 결혼을 했다거나 하는 일로 타블로이드판(센세이셔널한 기사를 주로 다루는) 신문의 1면을 장식하는 경우가 많다. 그들이 서로의 마음을 읽는 게 아니라면, 대체 어떻게 이런 일이 일어날 수 있는 걸까? 어떤 사람들은 쌍둥이가 자궁 안에서 또 어린 시절 함께 오랜 시간을 보냈기 때문에 감정적으로 서로 잘 통한다고 믿는다. 1993년 영국에서 실시된 한 연구에 따르면, 쌍둥이는 다른 형제자매에 비해 초감각적 지각 능력(서로 같은 생각을 하는 능력)이 조금 더 높았다. 그러나 초감각적 지각에 관한 한, 쌍둥이 사이에 초자연적인 연결 능력 같은 게 있다는 증거는 없었다.

비밀 언어의 사용

쌍둥이는 언어 패턴과 삶의 경험이 비슷해, 가끔 상대의 언어로 얘기를 끝내고 또 상대가 앞으로 어떤 말을 할지를 아는 듯하다. 쌍둥이 간에 텔레파시가 통한다는 걸 입증할 수는 없을지 모르나, 그렇다고 해서 그들만의 독특한 커뮤니케이션 방법이 없다는 뜻은 아니다. 쌍둥이의 약 40퍼센트는 어린 시절에 자신들만의 '언어'를 만들어내는데, 이런 현상을 크립토파시아cryptophasia(그리스어로 '비밀 언어'의 뜻)라 한다. 대부분의 아이들이 자신의 형제자매와 나누는 자신만의 언어 내지 암호를 만들지만, 쌍둥이는 성장 환경이 거의 같아 서로 쉽게 통할 수 있는 자신들만의 언어를 만들어낸다. 과학자들에 따르면, 어떤 쌍둥이는 보다 발달된 자신들만의 언어를 만들어내는데, 그들이 어디 출신이든 또 모국어가 무엇이든 그들이 만들어내는 언어는 대개 간단한 구조를 띠고 있다.

케네디 자매의 비밀 언어

대부분의 쌍둥이는 부모를 통해 말하는 걸 배우고, 다른 아이들과 노는 과정에서 자신들만의 언어에서 벗어나게 된다. 그러나 쌍둥이가 고립되어 외부의 영향을 거의 받지 못하게 될 경우, 통상적으로 언어가 완성되는 시기까지도 계속 자신들만의 언어를 쓴다고 한다. 케네디 자매의 사례는 많은 것을 알려준다. 1970년대에 미국 샌디에이고에서 자란 그레이스 케네디와 버지니아 케네디는 6세 때까지도 영어는 전혀 안 쓰고 자신들만의 비밀 언어를 쓰는 걸로 알려지면서 신문에 대서특필됐다. 두 자매는 어린 시절에 경기가 잦았고, 그 바람에 부모는 자매에게 정신 장애가 있다고 생각했다. 아이들은 주로 집안에만 갇혀 지냈고 독일인 할머니 손에 자랐다. 알고 보니 두 자매의 언어는 아주 엉성한 발음의 독일어와 영어가 합쳐진 것이었다. 언어 치료를 받으면서 두 소녀는 영어를 말할 줄 알게 됐지만, 언어 능력은 늘 또래에 비해 뒤처졌다.

아름다움을 위한 성형수술은
언제 시작됐을까?

미학적인 목적으로 수술을 통해 인체를 변화시키는 것은 최근의 일이 아니다. 오늘날의 수술 방식이 훨씬 더 발전된 것은 사실이나, 최근의 성형수술 붐 이전 몇 세기 전부터 이미 치유사와 의사 심지어 이발사들도 성형수술을 했다.

고대의 치유사들

'성형수술'을 뜻하는 영어 plastic surgery는 이런 종류의 과정을 가리키는 그리스어 plastikos(주형 만들기)에서 온 것이다. 고대 인도에선 미학적인 목적으로 인체 각 부위, 특히 코의 모양을 바꾸는 실험이 널리 행해졌다고 한다. 기록으로 남은 최초의 성형수술 시행자 중 한 사람이 수쉬루타라고 알려진 인도의 치유사다. 그는 기원전 1000년에서 600년 사이에 살았다고 전하는데, 이 치유사의 각종

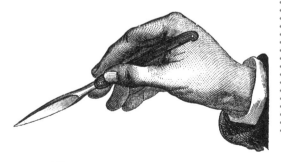

가르침과 수술 방식, 의료 관행 등은 그의 184페이지짜리 의학서 『수쉬루타 삼히타Sushruta Samhita』를 통해 전해지고 있다. 이 의학서에서 수쉬루타는 이마의 피부를 이용한 코 성형수술 등 신체 결함에 대한 복원 방법을 기술하고 있다. 이 코 성형수술법은 1794년 〈캘커타 신사 잡지〉에 소개된 뒤 유럽에서 더 널리 쓰이기 시작했다. 이 수술법은 오늘날에도 '인도 플랩Indian flap'으로 알려져 있다.

죽은 뒤에도 성형수술을?

고대 이집트인들은 산 사람의 얼굴을 수술로 변형시키는 걸 아주 꺼려한 걸로 알려져 있다. 사람의 외모는 사후 세계에서도 그대로이며, 그래서 살아 있는 동안은 태어날 때의 모습 그대로 두어야 한다고 믿었던 것이다. 그러나 그들은 얼굴의 중요한 특징을 강조하기 위해 시신에 약간의 변화를 주었다. 람세스 2세의 코에는 작은 뼈를 넣은 뒤 거기에 한 줌의 씨앗을 넣었고, 다른 미라의 뺨과 배 속에는 붕대를 집어넣었다. 이는 외모를 눈에 띄게 만들어 사후 세계에서 더 알아보기 쉽게 하기 위한 것이었다고 한다.

벌거벗은 진실

기원전 1세기의 로마인들 역시 아주 발달된 성형
수술을 시도했다. 예술 작품이나 문화에선 벌거
벗은 몸을 감상하는 것이 일반화되어 있었고, 사
람들은 대중목욕탕에서 거리낌 없이 옷을 벗었
다. 신체적 기형은 사람들의 눈살을 찌푸리
게 해. 그 당시의 의학서인 『디 메디시나
De Medicina』에 따르면 일부 남성들은 성
형수술로 가슴을 축소했고 흉터나 할례의 흔
적을 지웠다.

예뻐지기 정말 어렵다

하인리히 폰 프홀스페운트Heinrich von
Pfolspeundt의 1460년도 저서『코 성형술에 관
한 책Buch der Bundth-Ertznei』에는 마취와 병원
위생이 등장하기 한참 전인 15세기 당시의 코
성형술에 대한 얘기가 나온다. 양피지나 가죽
으로 성형 코를 만들어 팔뚝 위에 놓고 따라
그린다. 이후 팔뚝에 표시된 피부 부분을 새로
운 성형 코 바닥에 붙인 채 오려낸다. 환자는
머리 위로 팔을 들어 올려 성형 코가 자리를
잡게 했다. 환자는 그렇게 팔을 코에 댄 채 10
일 가까이 지내야 했고, 그런 다음 성형 코를
팔에서 떼어 콧구멍을 만들었다니 그것 참 쉬
운 일이 아니었을 듯하다.

창피하거나 당황스러운 순간
당신의 위도 얼굴을 붉힌다?

당황할 때 얼굴이 붉어지는 건 투쟁-도피 반응의 일환으로 몸에서 아드레날린이 분비되기 때문이다. 어색한 상황에서 도망칠 준비를 하며 심장박동도 빨라지고 호흡 역시 가빠진다. 그러나 붉게 변하는 건 당신 얼굴만이 아니다.

얼굴이 빨개질 때 배 속에서 일어나는 일

당신 자신도 모르는 새에 당신의 몸 안에서는 많은 일이 일어난다. 소화기관은 에너지를 근육으로 보내기 위해 활동을 늦추고, 동공은 주변 환경에 적응할 수 있게 확장되며, 혈관 역시 산소를 몸 곳곳에 보다 쉽게 보내기 위해 확장된다. 얼굴 혈관이 확장되면 평소보다 많은 혈액이 흘러 뺨이 붉어지게 되고, 당황하거나 창피해 하는 걸 금방 알아볼 수 있게 된다. 그런데 위 혈관도 확장돼 얼굴과 마찬가지로 붉어진다는 것을 알고 있는가? 비록 아무도 보지 않지만 말이다.

사회적 기대 때문에 얼굴 빨개지는

과학자들은 '우리는 왜 당황하면 얼굴이 붉어지는가?'라는 의문에 답하기 위해 많은 노력

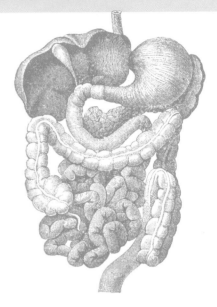

을 했다. 그런데 많은 사람들은 얼굴이 붉어지는 건 사회적 규범을 준수하게 하는 수단으로 진화된 거라고 믿는다. 얼굴이 붉어진다는 건, 용인되지 못할 말이나 행동을 했다는 걸 우리 스스로 알고 있음을 인정하는 셈이다. 어떤 의미에선 무언의 사과인 것이다. 아드레날린이 개입되는 이런 얼굴 붉힘은 열이나 알코올 섭취 또는 흥분에 의한 얼굴 붉힘과는 다르다. 또한 얼굴 붉힘 현상은 아이들이 사회성을 길러 타인의 감정을 의식하기 시작할 때 나타나는데, 이 또한 얼굴 붉힘이 사회적 기능으로 발전된 것이라는 이론을 뒷받침한다.

왜 이발소의 간판 봉은
빨간색과 흰색의 조합일까?

많은 나라들, 특히 서구에서 남자들은 간단한 머리 손질이나 면도를 하고 싶을 때 빨간색과 흰색이 섞인 간판 봉을 보고 쉽게 이발소를 찾는다. 이 간판 봉은 중세 시대 이발소의 피 뽑기 관행에서 생겨난 것인데, 당시 이발을 한다는 건 지금과는 전혀 다른 일이었다.

피비린내 나는 일

중세 시대에 피 뽑기는 그야말로 온갖 질병을 위한 전형적인 치료법이었다. 가톨릭교회가 수도승의 피 뽑기를 금지한 이후, 사람들은 통풍은 물론 간질, 천연두 심지어 전염병을 치료하기 위해 이발소를 찾아가 피 뽑기 치료를 받았다. 팔 또는 목 정맥이나 동맥을 따기 위해 방혈침이라 알려진 칼 등 특수 도구가 쓰였으며, 뽑은 피는 조그만 놋쇠 그릇이나 나무 컵에 받았다. 때론 피를 뽑기 위해 거머리를 쓰기도 했다. 영국

에서는 1540년 헨리 8세 치하에서 이발사와 외과 의사가 한 직업이 되어, '이발사 겸 외과 의사들'이 관장도 하고 약도 팔고 치아도 뽑고 물론 머리도 깎았다.

피 그릇 대신 간판 봉

자신이 하는 일을 홍보하기 위해 이발사들은 유리창 안쪽에 환자의 피가 담긴 놋쇠 그릇들을 진열했다. 그러나 1307년 이처럼 섬뜩한 진열을 금지하는 법이 통과되면서 대신 간판 봉이 등장했다. 피 뽑기와 관련된 붉은 피와 흰 붕대를 뜻하는 이 간판 봉은 글을 모르는 사람들을 위해 만들어진 것으로, 이발사가 제공하는 외과 서비스를 상징했다.

방혈침과
피를 모으는 컵

광견병에 걸리고도 살아남을 수 있을까?

2015년 세계보건기구(WHO)는 2030년까지 인간 광견병 사망자를 없애기 위한 범세계적인 운동을 시작했다. 이 바이러스성 전염병은 남극 대륙을 제외한 모든 대륙에서 발병되나, 매년 나오는 사망자 수십만 명 가운데 95퍼센트 이상은 아프리카와 아시아 지역 사람들이다.

충격적인 광견병 증상

'광견병'을 뜻하는 영어 rabies는 1590년대에 만들어진 것으로, '격분하다'의 뜻을 가진 라틴어 rabere에서 왔다. 그리스 철학자 아리스토텔레스는 이 고대 질병에 대해 이렇게 썼다.

"개가 미치게 된다. 그리고 미쳐 날뛰는 그 개에게 물린 동물 역시 같은 병에 걸린다."

박쥐나 너구리, 여우, 고양이 등도 감염원이 될 수는 있으나, 개한테 물리는 것이 인간 광견병 사망의 가장 큰 원인으로 전체 감염의 99퍼센트 가까이를 차지한다. 감염된 동물은 물거나 할퀴는 것, 다친 피부를 핥는 것 또는 입이나 눈을 통해서는 물론 침을 통해서도 병을 옮긴다. 그리고 1주일에서 3개월 사이에, 열 또는 다친 부위의 따끔거림, 화끈거림 같은 증상이 나타나기 시작한다. 그러다가 한두 가지 방식으로 광견병이라는 게 드러난다. 미쳐

날뛰는 게 일반적이며, 그게 광견병 하면 대부분의 사람들이 생각하는 증상이기도 하다. 과잉 활동, 흥분된 행동, 환청, 물 공포증 같은 증상도 나타난다. 일단 이런 증상이 나타나면, 보통 이틀 이내에 많은 침과 피를 토하거나 호흡 불능 또는 심장마비 증상을 보이다 죽는다. 또 다른 형태의 광견병인 '마비성 광견병'의 경우 근육이 점차 마비되다 죽음에 이른다.

생존은 시간과의 싸움

광견병은 백신 예방이 가능하나 접종비가 비싸다. 가난한 사람들이 특히 취약한 병이란 의미다. 광견병 걸린 개에게 물리면, 백신 접종을 했다 해도 그 균이 중추신경계로 들어가는 걸 막기 위해 시간과의 싸움을 벌여야 한다. 상처 부위를 소독하고 광견병 백신을 접종하며 광견병 항체를 투여한다면 생존 가능성이 충분하다. 매년 1,500만 명이 개에게 물린 뒤 백신을 맞으며, 그 덕에 수십만 명이 목숨을 구하고 있다. 그러나 광견병 감염 사실을 알아채지 못하거나 제대로 치료를 받지 못할 경우 십중팔구 목숨을 잃는다.

밀워키 프로토콜

2004년 미국 위스콘신주 밀워키 출신의 15세 소녀가 광견병에 걸린 박쥐에게 물렸다. 소녀의 부모는 상처 부위를 소독만 하고 치료는 하지 않았다. 3주 후 소녀는 광견병 증상을 보이기 시작했다. 백신이나 항체를 쓰기엔 너무 늦어, 위스콘신 소아 병원 의사들은 혼수상태를 유도했다. 소녀의 면역 체계가 바이러스에 맞서 싸울 항체를 만들어내길 기대한 건데, 그 방법이 주효해 소녀는 살아났다. 그러나 이 '밀워키 프로토콜'로 다른 환자 26명을 살리는 데 실패하자, 2014년 보건 당국은 이 치료법이 효과가 없다고 선언했다. 그들은 밀워키의 소녀가 덜 치명적인 광견병 변종 바이러스에 감염됐던 게 아닌가 추정했다.

펠트 모자를 쓰는 건 건강에 해로울까?

펠트 모자가 필수품이었던 18세기와 19세기에 모자를 만드는 사람들은 많은 양의 질산수은에 노출됐다. '캐롯팅carroting'이라는 제조 과정에서 쓰인 질산수은은 사람들의 건강에 확실한 악영향을 주었다.

이런 환경에서 일해도 되나

패션과 기능이라는 두 가지 측면에서 동물의 털은 모자 제조에 꼭 필요한 재료였다. 펠트 모자를 만들 때, 질산수은을 쓰면 털이 오렌지색으로 변하고 수축되면서 가죽에서 떼어내기 쉬워진다. 그런데 질산수은에 반복적으로 노출된 많은 노동자들이 정서 불안, 기억 상실, 떨림, 언어 문제, 환청 같은 수은 중독 증상을 보였다. mad as a hatter(모자 제조자처럼 미친)라는 영어 표현은 이처럼 모자 제조업계 노동자들이 겪은 불행에서 비롯된 것이다.

매독 환자의 오줌으로 만든 펠트

원래 모자 제조업자들은 동물 가죽에서 털을 떼어내는 데 낙타 오줌을 사용했다. 오줌 속 요소 성분에 질소가 들어 있는데, 그게 털 속의 단백질을 분해시키는 데 도움이 된 것이다. 모자 제조 노동자들은 가끔 낙타 오줌 대신 자신의 오줌을 썼는데, 그러다가 한 노동자의 오줌을 쓸 때 더 나은 품질의 펠트 모자가 만들어진다는 걸 알게 됐다. 당시 그 노동자는 수은으로 매독 치료를 받고 있었는데 그렇게 해서 질산수은이 털 제조에 좋다는 사실이 발견된 것이다.

미친 모자 제조업자

보스턴 코벳Boston Corbett은 '미친 모자 제조업자' 증후군을 앓은 걸로 알려진 인물로, 모자 제조 노동자에서 남북 전쟁 당시 연방주의자로 변신한 그는 링컨 대통령의 암살자인 존 윌키스 부스John Wilkes Booth를 총으로 쏴 죽이기도 했다. 그보다 7년 전 그는 자신의 성욕을 억누르기 위해 직접 가위로 거세를 했으며, 결국 50대 때 정신 병원에 갇혔다가 탈출해 다시는 눈에 띄지 않았다.

사람의 몸

THE HUMAN BODY

머릿속에 인체와 관련된 소소한 상식이 가득 찬 것 같은가?
스피드 퀴즈를 통해 당신이 얼마나 많은 걸 배웠는지 확인해 보자.

Questions

1. 10대와 60대 사람 중 누가 감기에 걸릴 가능성이 더 낮은가?

2. 개에 물려 전염되는 가장 흔한 이 병의 이름은 '격분하다'라는 뜻을 가진 라틴어 rabere에서 따온 것이다. 이 병의 이름은?

3. 초콜릿을 먹어 호전될 수 있는 증상이나 병 이름을 하나 대보라.

4. 크립토파시아는 쌍둥이의 40퍼센트가 경험하는 현상이다. 그 현상은 걷는 것에 대한 것인가 아니면 말하는 것에 대한 것인가?

5. 모자 제조 노동자들은 동물 가죽에서 털에 떼어내기 위해 낙타에게서 나온 어떤 액체를 사용했는가? 침인가 오줌인가 피인가?

6. 흑사병은 '대살상'이라고도 불렸다. 맞는가 틀리는가?

7. 푸른색 눈이 가장 드문 눈 색깔이다. 맞는가 틀리는가?

8. 각종 연구에 따르면 금발 여성들은 다른 머리 색깔을 가진 여성들에 비해 더 많은 돈을 버는가 아니면 더 적은 돈을 버는가?

9. 대부분의 이발소 간판 봉은 무슨 색깔로 되어 있는가?

10. 기록으로 전하는 가장 오래된 성형수술은 언제 행해졌는가? 기원전 1000년에서 600년 사이인가 아니면 15세기인가?

Answers

정답은 244페이지에서 확인하세요!

레고 블록을 밟으면
왜 그리 아플까?

세계에서 가장 위험한
화학물질은 무엇일까?

새로운 화학물질은 수시로 만들어지거나 발견되고 있다. 과학자들은 어떤 화학물질의 특성에 따라 앞으로 생겨날 반응을 추측하기도 한다. 때론 다음 화학물질 같이 세상에서 가장 무서운 화학물질을 만들거나 발견해 놓고 경악하기도 한다.

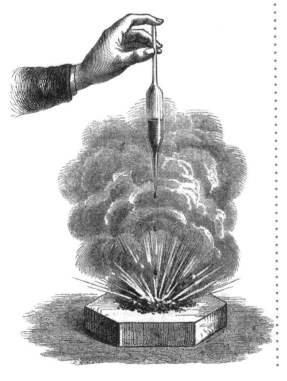

나치도 NASA도 손을 못 댄 '물질 N'

나치 정권이 아주 위험하다고 생각했다면 정말 무서운 것이었으리라. 삼불화염소(ClF₃)는 1930년 독일에서 발견됐고, 몇 년 후 제3 제국이 많은 과학 실험을 실시한 카이저 빌헬름 연구소의 연구 주제가 되었다. 연구진에 의해 N-stoff 즉, 물질 N이라고 명명된 이 화학물질은 정말 놀라운 특성을 갖고 있다. 섭씨 11.75도밖에 안 되는 비등점에서 유독 가스를 내뿜으며, 쉽게 점화돼 섭씨 2,400도가 넘는 고열로 타오른다. 부식성이 강하며 물과 접촉하는 순간 폭발한다.

나치는 이 물질을 매월 50톤씩 생산해 적을 섬멸하는 데 쓸 계획이었다. 이 살인 무기를 화염 방사기에 넣고 쏴 모든 도시를 초토화시킬 계획도 있었다. 그러나 이 화학물질의 불안정한 특징은 단점이기도 해, 무기로 사용되기도 전에 화염 방사기 자체를 부식시킬 정도였고, 그래서 나치는 이 화학물질을 총 50톤 정도만 생산했다.

NASA의 천재들조차 이 화학물질의 특성을 어찌 활용해야 좋을지 알 수 없었다. 내재된 힘이 워낙 강력해 로켓 발사 추진체로 이상적일 것 같았지만, 1950년대에 이 화학물질이 누출돼 강철 탱크와 콘크리트 바닥 그리고 그 밑으로 1미터 정도 깔린 자갈을 녹이는 바람에 생각을 바꿔야 했다.

구토와 졸도를 부르는 극악한 냄새

냄새가 극도로 역겨운 화학물질이라고 하면 그리 위험할 것 같지 않지만, 싸이오아세톤(C_3H_6S) 때문에 도시 전체가 철수한 적이 있다. 1889년 이 화학물질을 가지고 연구 중이던 독일 프라이베르크의 과학자들에 따르면, 도시 상당 지역에 급속도로 퍼진 역겨운 냄새 때문에 사람들이 토하고 졸도하는 등 난리가 나 피난길에 올랐다고 한다. 이 화학물질은 워낙 강력해 한 방울만 떨어뜨려도 500미터 밖에서 그 냄새를 맡을 수 있다. 1960년대에는 두 화학자가 영국 애빙던의 에쏘 연구소에서 새로운 폴리머 연구의 일환으로 이 화학물질을 가지고 실험을 하다가 병마개를 열어둔 채 일하는 실수를 저질렀다. 몸에 심한 악취가 배어, 저녁을 먹으러 식당에 갔을 때 한 여종업원이 그들에게 냄새 제거제를 뿌렸을 정도라고 한다.

슈퍼 산

엄청난 폭발력과 참을 수 없는 악취도 무섭지만, 부식성 강한 산 또한 아주 무섭다. 세계에서 가장 강한 산은 아마 플루오르안티몬 산(H_2FSbF_6)일 것이다. 유리와 플라스틱은 물론 뼈를 비롯한 모든 생명체를 녹여버린다. 아주 무서운 산 같지만, '테프론'이라고 알려진 폴리테트라플루오로에틸렌으로 만든 용기만 있으면 안전하게 저장할 수 있다.

"싸이오이세톤(C_3H_6S) 때문에 도시 전체가 철수한 적이 있다."

75

레고 블록을 밟으면 왜 그리 아플까?

맨발로 레고LEGO 블록을 밟았을 때 얼마나 아픈지, 당해본 사람은 안다. 크기가 아주 작지만, 그 작은 플라스틱 블록이 강력한 펀치를 날리면 우리는 너무 아파 팔짝팔짝 뛰어다니게 된다.

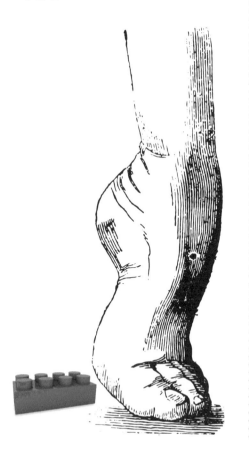

뇌가 알아채기도 전에 반응하는

우리가 통증을 느끼는 건 신경 섬유를 이용해 각종 신호를 척수나 뇌로 보내는 몸의 통증수용체 때문이다. 우리의 피부에는 두 종류의 통증 감지 신경 섬유, C와 A-델타 신경 섬유가 있다. 후자는 주로 추위나 압력에 의해 발생하는 극심한 통증 신호를 뇌로 전달하는 감각 신경 섬유다. 또한 레고 블록을 밟았을 때 움직이는 신경 섬유이기도 하다.

작은 레고 블록이 필요 이상 오래 발 속으로 파고드는 듯한 통증을 느끼지 않기 위해, A-델타 신경 섬유는 메시지를 먼저 척수로 보내 도피 반사를 유도한다. 그러면 무슨 일이 있었는지 뇌가 알기도 전에 발의 운동 신경 세포가 통증의 원천으로부터 움츠러든다.

"우리가 통증을 느끼는 건
몸의 통증수용체 때문이다."

어마어마한 무게를 이기는 초강력 장난감

우리가 레고 블록을 밟을 때 체중 전체의 힘은 발로 밟은 블록 부분, 대개 뾰족한 가장자리 부분에 집중된다. 플라스틱 합성수지는 아주 강해 우리의 체중에 눌려 으스러지지 않는다. 전체 압력 부하는 우리 발에 밀집돼 있는 수천 개의 감각 수용체에 의해 느껴진다. 아야! 혹 이런 상황에서 체중이 더 나가면 조그만 레고 블록이 으스러지지 않을까 생각할 수도 있는데, 레고 블록은 생각보다 훨씬 강하다.

유압식 시험기를 사용한 2012년의 한 실험에 따르면, 네 군데가 볼록 튀어나온 조그만 레고 하나를 으스러뜨리는 데 필요한 힘은 4,240뉴턴이었다. 그 정도의 힘을 발휘하려면 당신의 체중은 그랜드 피아노나 큰 말 한 마리의 무게와 맞먹는 430킬로그램이 되어야 한다.

레고 블록은 워낙 가벼워, 이와 비슷한 효과를 보려면 레고 블록 한 개 위에 37만 5,000개의 레고 블록을 쌓아올려야 한다. 레고 팬들이 높이 30미터가 넘는 거대한 레고 탑을 쌓아도 그 압력에 의해 아래쪽 레고 블록이 으스러지지 않는 게 바로 이 때문이다.

레고에 숨겨진 힘의 원천

플라스틱 레고 블록은 덴마크 기업 레고 사가 플라스틱 사출 성형기를 구입한 1940년대 말에 처음 생산됐다. 그러나 이 기업이 경쟁사와 완전히 차별화되기 시작한 건 레고 블록 재료가 아크릴로니트릴 부타디엔 스틸렌(ABS) 플라스틱으로 바뀐 1962년부터다. 이 ABS 플라스틱은 그 안에 합쳐진 3가지 단위체 덕에 이런 특징을 갖는다. 아크릴로니트릴은 플라스틱을 강하게 만든다. 부타디엔은 저항력을 주어 레고 블록을 부러지지 않게 만든다. 그리고 스틸렌은 매끄럽고 빛나게 만든다. 그 당시에 ABS 플라스틱은 비교적 싼데다 소량으로 주조하기도 쉽고, 레고 사에서 그간 사용해온 아세트산 셀룰로스에 비해 변색이 덜 되고 내구성도 더 좋아 교체 결정을 내리는 건 어렵지 않았다. 그 이후 레고는 ABS 플라스틱으로 만들어지고 있다.

76

공감 능력이 큰 사람일수록
하품이 쉽게 전염된다는 말이 사실일까?

어떤 사람은 하품하는 사진을 보거나 심지어 하품에 대한 얘기만 해도 절로 입이 벌어지며 하품이 나온다. 그리고 공감 능력이 큰 사람일수록 다른 사람이 하품하는 걸 볼 때 같이 하품을 하는 경우가 많다.

하품은 확실히 전염성이 있다

인간이 왜 다른 사람이 하품하는 걸 보면 하품을 하는지에 대해서는 여러 가지 학설이 있지만, 그중 큰 무게감이 실린 이론이 흉내다. 사회적 동물인 우리 입장에서 다른 사람들의 감정을 느끼고 이해하는 공감 능력은 사회 통합 내지 응집에 중요한 역할을 한다. 그래서 다른 사람이 미소 짓거나 웃는 걸 볼 때 같이 미소 짓거나 웃는 경우가 많고, 어두운 인상이나 슬픈 표정을 볼 때 역시 그대로 따라하는 경우가 많다. 미국 에모리대학교의 여키스 국립영장류연구소의 연구에 따르면, 하품이 전염되는 건 순전히 공감 본능의 결과일 수 있다고 한다.

약 60~70퍼센트의 사람들이 하품에 잘 전염되는데, 그 연구에 의하면 공감 능력 테스트에서 높은 점수를 얻은 사람이 특히 그렇다고

한다. 뇌 촬영을 해보면, 하품이 전염되는 순간 활발히 움직이는 부위가 바로 우리 자신과 다른 사람들의 감정을 처리하는 부위다. 그리고 이런 종은 비단 인간뿐이 아니어서, 이 같은 전염 현상은 침팬지와 난쟁이침팬지들에서도 관찰된다.

하품에 대한 온갖 학설

피곤하거나 따분한 상황에서 다른 누군가가 하품을 할 때도 하품이 날 수 있다. 그렇다면 이 같은 사회적 흉내 반응을 통해 우리 몸이 얻는 건 무얼까? 이런 경우 흔히 듣는 얘기가

하품을 통해 혈류에 더 많은 산소가 공급된다는 것이다. 그러나 하품을 할 때 혈중 산소 수치가 더 올라간다는 과학적 증거는 아직 없다. 하품을 하는 게 주변 사람들에게 피곤하다는 걸 알려 다 같이 동일한 수면 패턴을 유지하기 위한 원시 형태의 커뮤니케이션 방법이라는 학설도 있다. 또한 얼굴을 한껏 팽창시켜 자신이 졸립다는 걸 알리거나 주의가 산만하니 보다 집중하라고 경고하는 거라는 학설도 있다.

뇌의 열을 식혀라

그런데 하품이 뇌 온도를 조절하는 데 도움이 된다는 아주 유력한 학설도 있다. 미국 뉴욕주 오넌타의 서니칼리지에서 실시한 한 실험에 따르면, 실험 참가자들의 이마에 냉찜질을 하면 전체 시간의 9퍼센트만큼 하품을 하는데 반해, 온찜질을 하면 41퍼센트만큼 하품을 했다. 뇌는 몸의 다른 기관보다 열이 잘 나는데, 입을 크게 벌려 하품을 하면 더 많은 공기가 유입돼 코 위쪽과 구강 쪽으로 간다. 그러면 이 부위의 혈액이 바로 뇌로 향해 뇌를 식혀주게 된다. 턱을 팽창시키면 혈류 속도 또한 빨라져, 뇌는 몰려오는 시원한 공기에 그만큼 더 빨리 노출된다. 또한 우리 뇌와 몸의 온도는 잠들거나 깨기 전에 가장 높아, 우리는 그 시간대에 하품을 가장 많이 하게 된다.

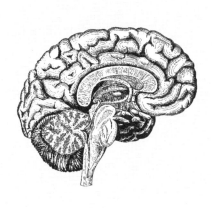

개가 초콜릿을 많이 먹으면
죽을 수도 있다?

코코아에는 테오브로민이라는 분자가 들어 있는데, 이 성분이 개에겐 아주 해롭다. 화학적인 관점에서 보자면 카페인과 비슷하다. 조금만 섭취해도 심박 수가 올라가고 뇌로 가는 산소와 영양소 양이 많아진다. 그런데 개에겐 어떨까?

참사를 부르는 초콜릿 양
개는 사람의 가장 좋은 친구임에도 불구하고 우리와는 아주 다르다. 개의 몸은 테오브로민을 제대로 처리하지 못한다. 우리의 중추신경계에 주는 영향은 미미하지만 개의 경우엔 훨씬 더 오래 영향을 준다는 얘기다. 그래서 개가 초콜릿을 먹으면 테오브로민 중독이 될 수 있다. 12시간 정도면 고열, 발작, 구토, 심한 헐떡거림, 설사 같은 증상이 나타날 수 있다. 다크 초콜릿(코코아 함량 70퍼센트 이상), 베이킹 초콜릿, 코코아 가루 등은 테오브로민 함량이 더 높아 더 해롭다. 체중이 20킬로그램인 개가 대략 3킬로그램 이상의 밀크 초콜릿을 먹으면 사망할 수 있다. 캔디 바의 평균 무게가 50그램 정도인데, 그걸 60개 정도 먹으면 치사량이 될 수 있다.

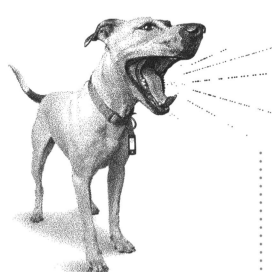

별난 고양이
이렇게 위험한데도 대부분의 개는 초콜릿 맛을 좋아하며 못 먹어 안달이다. 그런데 고양이는 대개 이 치명적인 별식에 별 관심이 없다. 왜일까? 우리 인간이나 개와는 달리 고양이에게는 단맛과 관련된 유전자가 없어, 고양이 혀 속 미각 수용기가 단맛을 느끼지 못하기 때문이다.

왜 양파를 자르면 눈물이 날까?

요리를 하는데 눈에서 눈물이 줄줄 흐른다면, 그건 양파가 당신의 식사를 위해 희생되는 것에 대해 복수하는 것 같겠지만, 그 얼얼한 가스는 실은 양파가 흙에서 빨아들이는 유황 때문에 생겨나는 것이다.

눈물 나게 하는 유황

양파가 얇게 썰리면서 세포가 부서지면, 화학반응이 일어나면서 특별한 효소와 설펜산이 혼합된 신-프로판시알-S-옥시드라는 가스가 방출된다. 그리고 눈 앞쪽에 있는 감각 신경이 이 혼합물의 침입을 감지하면, 그 메시지가 중추신경계로 전달되면서 화끈한 감각을 느끼게 된다. 그러면 눈물 분비샘에 신호를 보내 이 자극성 가스를 씻어내게 되고, 당신은 줄줄 눈물을 흘리게 된다. 그러나 이 성가신 양파를 뜨거운 팬 위로 추방시키면, 열이 양파 속 효소를 비활성화시킨다.

이 같은 최루 가스는 초식 동물을 쫓아내기 위해 방출되는 걸로 믿어진다. 양파를 먼저 냉장고 안에 넣고 식히면 이런 '양파 눈물'은 피할 수 있는데, 냉기가 가스를 유발하는 양파 혼합물에 영향을 주기 때문이다. 그런데 이런 눈물에도 이점은 있어, 유황 혼합물 덕에 양파는 그 특유의 맛을 낸다.

눈물을 흘리지 않아도 되는 양파

2015년 한 영국 농부가 눈물을 흘리지 않아도 되는 적양파 변종을 개발했다 해서 대서특필됐다. 그 농부는 20년간 개발했다는 '달콤한 적양파' 변종이 일반 양파보다 자극성이 덜해 눈을 자극하지 않고 숨쉬기도 편하다고 주장했다. 그런데 그 뒤로 잠잠한 걸 보면 양파의 맛은 그다지 만족스럽지 않았나보다.

79

주기율표는 어떻게 만들어지는 것일까?

2015년 말에 과학자들은 여러 해에 걸친 실험 결과 국제순정응용화학연합(IUPAC)으로부터 검증이 떨어지자 주기율표의 7번째 열이 완성됐다고 기뻐했다. 이로써 다음 열을 시작할 기회가 생긴 건데, 과학자들은 정말 새로운 원소 발견을 중단한 것일까?

주기율표란 무엇인가

주기율표는 원소를 열과 행으로 정리한 것이다. 주기라 불리는 열은 원소의 원자번호, 즉 한 원자의 세포핵 수에 기초한 것이다. 족이라 불리는 행은 가장 바깥쪽 전자의 궤도에 기초한 것인데, 이 궤도는 원소의 특성을 보여준다. 그래서 같은 족의 원소는 대체로 비슷한 성격을 갖는다. 예를 들어 1족에 속하는 원소는 전부 리튬, 나트륨, 루비듐 같이 반응성이 높은 연한 알칼리 금속들이다.

원자번호 92인 우라늄은 주기율표상에서 지

주기율표

H 1.0079 Hydrogen																	**He** 4.0026 Helium
Li 1.941 Lithium	**Be** 9.0122 Beryllium											**B** 10.811 Boron	**C** 12.011 Carbon	**N** 14.007 Nitrogen	**O** 15.999 Oxygen	**F** 18.998 Fluorine	**Ne** 20.180 Neon
Na 22.990 Sodium	**Mg** 24.305 Magnesium											**Al** 26.982 Aluminium	**Si** 28.086 Silicon	**P** 30.974 Phosphorus	**S** 32.065 Sulfur	**Cl** 35.453 Chlorine	**Ar** 39.948 Argon
K 39.098 Potassium	**Ca** 40.078 Calcium	**Sc** 44.956 Scandium	**Ti** 47.867 Titanium	**V** 50.942 Vanadium	**Cr** 51.996 Chromium	**Mn** 54.938 Manganese	**Fe** 55.845 Iron	**Co** 58.933 Cobalt	**Ni** 58.693 Nickel	**Cu** 63.546 Cooper	**Zn** 65.39 Zinc	**Ga** 69.723 Gallium	**Ge** 72.64 Germanium	**As** 74.922 Arsenic	**Se** 78.96 Selenium	**Br** 79.904 Bromine	**Kr** 83.80 Krypton
Rb 85.468 Rubidium	**Sr** 87.62 Strontium	**Y** 88.906 Yttrium	**Zr** 91.224 Zirconium	**Nb** 92.906 Niobium	**Mo** 95.94 Molybdenum	**Tc** 98 Technetium	**Ru** 101.07 Ruthenium	**Rh** 102.91 Rhodium	**Pd** 106.42 Palladium	**Ag** 107.87 Silver	**Cd** 112.41 Cadmium	**In** 114.82 Indium	**Sn** 118.71 Tin	**Sb** 121.76 Antimony	**Te** 127.60 Tellurium	**I** 126.90 Iodine	**Xe** 131.29 Xenon
Cs 132.91 Cesium	**Ba** 137.33 Barium	La-Lu 57-71	**Hf** 178.49 Hafnium	**Ta** 180.95 Tantalum	**W** 183.84 Tungsten	**Re** 186.21 Rhenium	**Os** 190.23 Osmium	**Ir** 192.22 Iridium	**Pt** 195.08 Platinum	**Au** 196.97 Gold	**Hg** 200.59 Mercury	**Tl** 204.38 Thallium	**Pb** 207.2 Lead	**Bi** 208.98 Bismuth	**Po** 210 Polonium	**At** 210 Astatine	**Rn** 222 Radon
Fr 223 Francium	**Ra** 226 Radium	Ac-Lr 89-103	**Rf** 261 Rutherfordium	**Db** 262 Dubnium	**Sg** 266 Seaborgium	**Bh** 264 Bohrium	**Hs** 277 Hassium	**Mt** 268 Meitnerium	**Uun** 271 Ununnilium	**Uuu** 272 Unununium	**Uub** 285 Ununbium	**Uut** Ununtrium	**Uuq** 289 Ununquadium	**Uup** Ununpentium	**Uuh** Ununhexium	**Uus** Ununseptium	**Uuo** Ununoctium

란탄 계열	**La** 138.91 Lanthanide	**Ce** 140.12 Cerium	**Pr** 140.91 Praseodymium	**Nd** 144.24 Neodymium	**Pm** 145 Promethium	**Sm** 150.36 Samarium	**Eu** 151.96 Europium	**Gd** 157.25 Gadolinium	**Tb** 158.93 Terbium	**Dy** 162.5 Dysprosium	**Ho** 164.93 Holmium	**Er** 167.26 Erbium	**Tm** 168.93 Thulium	**Yb** 173.04 Ytterbium	**Lu** 174.97 Lutetium
악티니드 계열	**Ac** 227 Actinide	**Th** 232.04 Thorium	**Pa** 231.04 Protactinium	**U** 238.03 Uranium	**Np** 237 Neptunium	**Pu** 244 Plutonium	**Am** 243 Americium	**Cm** 247 Curium	**Bk** 247 Berkelium	**Cf** 251 Californium	**Es** 252 Einsteinium	**Fm** 257 Fermium	**Md** 258 Mendelevium	**No** 259 Nobelium	**Lr** 262 Lawrencium

구에서 천연 상태로 발견할 수 있을 만큼 안정적인 마지막 원소다. 그 위에 있는 다른 모든 원소는 보다 가벼운 원자와 충돌시켜 보다 무거운 원자를 만들고 그 뒤 그 붕괴를 조사해 보다 무거운 원소를 찾아내는 방식으로만 연구됐다. 과학자들은 그간 원자번호 173까지 찾아낼 수 있을 거라 계산했지만, 현재 이 과정은 그 한계가 드러나고 있다. 별 속이나 우주 어딘가에 훨씬 더 무거운 원소가 존재할 가능성이 있어, 주기율표가 완성되려면 아직 먼 것이다.

스웨덴식 기호를 정하는 방법

오늘날과 같은 체계적인 분류법이 나오기 전에는 서로 다른 원소에 다양한 기호가 쓰였으나, 알려진 원소 수가 늘어나면서 보다 질서 정연한 방법이 필요해졌다. 19세기 초에 스웨덴 화학자 옌스 야코브 베르셀리우스Jöns Jacob Berzelius가 많은 기호 문자를 사용했는데, 그 방법이 전 세계적으로 받아들여졌다. oxygen(O. 산소), nitrogen(N. 질소), aluminum(Al. 알루미늄), nickel(N. 니켈) 식으로, 대부분의 원소 기호는 해당 원소 이름의 첫

한 글자나 두 글자로 만들어졌다. 원소 이름이 calcium(칼슘), caesium(세슘), cadmium(카드뮴)처럼 첫 두 글자가 같을 경우 Ca, Cs, Cd 식으로 변형을 취했다. 예를 들어 gold(금)는 라틴어 aurum에서 따와 Au, 구리는 cuprum에서 따와 Cu 식으로 어떤 기호는 원소의 라틴어 이름에서 따왔다.

새로운 발견의 연속

국제순정응용화학연합은 새로운 원소의 이름과 기호를 최종 결정하는데, 그들은 지난 몇 년간 주기율표에 새로운 원소를 추가하느라 바빴다. 러시아, 일본, 미국 과학자들이 발견한 원자번호 113, 115, 117, 118은 2015년 말에 그 존재를 인정받아 주기율표 7번째 열이 완성됐다. 그리고 그 네 원소의 공식 이름은 각기 nihonium(Nh. 니호늄), moscovium(Mc. 모스코븀), tennessine(Ts. 테네신), oganesson(Og. 오가네손)으로 결정됐다. 이 인공 원소의 발견은 여러 해 걸렸고, 그야말로 잠시 존재하기 때문에 실험실에서나 발견이 가능했다. 원자번호 110와 120을 발견하기 위한 작업은 현재 진행 중이다.

80

베이컨을 구우면 왜 그렇게 맛있는 냄새가 날까?

베이컨은 많은 채식주의자들로 하여금 육류 없는 삶을 다시 생각해보게 만드는 음식이다. 놀랄 일도 아닌 게, 베이컨을 굽는 독특한 냄새는 불이 나방을 불러들이듯 사람들을 주방으로 불러들인다. 과학자들은 150가지 이상의 화학물질이 합쳐져 군침 도는 베이컨 특유의 냄새가 만들어진다는 걸 알아냈다.

갈색 진미를 만드는 메커니즘

베이컨이 팬 안에서 지글지글 구워질 때 정밀 많은 화학 작용이 일어난다. 먼저 이른바 '메일라드 반응'이 일어나 베이컨이 먹음직한 갈색으로 변하게 된다. 베이컨에 열이 가해지면서 그 안에 함유된 아미노산이 천연당과 반응하게 되고, 그 결과 천연당이 분해되기 때문이다. 또한 베이컨 지방이 분해되면서 다른 화합물도 나온다.

절임 과정에서 나타나는 변화

구운 베이컨 냄새가 조리된 다른 돼지고기 제품과 확연히 다른 것은 절임 과정 때문이다. 피리딘, 피라진, 푸란 같은 냄새 혼합물은 구운 베이컨과 구운 돼지 허리 고기 양쪽 모두에서 볼 수 있지만, 베이컨의 경우 절일 때 쓰는 아질산염 때문에 이 고기 냄새 분자가 증가하는 것이다. 베이컨 속에 든 아질산염이 가열되면, 베이컨에서만 볼 수 있는 2,5-다이메틸피라진, 2,3-다이메틸피라진, 2-에틸-5-메틸피라진, 2-에틸-3,5-다이메틸피라진 같은 질소 함유 혼합물이 더 많이 생성된다. 이런 혼합물이 합쳐져 베이컨 특유의 냄새가 나는 것이다.

맛의 차이를 만드는 것들

그러나 베이컨의 매력은 냄새뿐만이 아니다. 맛 때문에 사람들이 자꾸 더 찾는 것이다. 냄새와 마찬가지로 맛 또한 여러 원소의 결합을 통해 만들어진다. 또한 주요 요소 중 하나는 돼지 배 지방의 분해다. 근육 조직 내 지방산이 분해되면서 알데히드, 푸란, 케톤 같은 분자가 생성되고, 그것이 합쳐져 베이컨 특유의

맛이 나는 것이다. 이 중 하나라도 빠지면 베이컨은 제맛이 나지 않는다. 그러나 모든 베이컨이 같은 건 아니다. 베이컨 재료로 쓰인 돼지 종자와 그 돼지가 먹은 사료에 따라 지방산 유형이 달라지고, 그 지방산이 분해되면서 나오는 분자 또한 달라진다.

새로운 식감을 갈구하는 뇌를 만족시켜라

마지막으로 베이컨의 또 다른 매력은 먹을 때 느껴지는 식감이다. 베이컨은 대개 팬케이크, 달걀, 감자 등과 함께 나오는데, 베이컨은 바삭한 것이 그런 음식과는 아주 판이하다. 이처럼 여러 음식의 식감이 합쳐져 새로운 것을 갈구하는 뇌를 만족시키고, 먹는 즐거움도 배가된다. 입안에서 녹는 듯한 베이컨의 특성 또한 자꾸 더 먹고 싶게 만든다. 뇌가 실제보다 칼로리를 덜 섭취하는 걸로 착각해 자꾸 더 먹게 된다는 이른바 '사라지는 칼로리 밀도 vanishing caloric density' 현상 때문이다.

파란색 피를 갖고 있는 동물은 무엇일까?

'blue blood(파란 피)'는 귀족 혈통을 뜻하는 말이다. 이는 중세 스페인에서 부유하고 권세 있던 카스티야 가문을 가리키는 데 쓰인 스페인어 '상그레 아술sangre azul'에서 유래한 말로, 카스티야 가문 사람들은 적대 관계에 있던 무어인들과는 달리 피부가 창백해 '파란' 혈관이 다 드러났다고 한다. 그런데 진짜 파란

피를 가진 생명체는 없을까?

빨간 피를 가진 포유동물

대부분의 다른 척추동물과 마찬가지로 사람의 피에는 헤모글로빈이라는 단백질이 들어 있어 온몸에 산소를 실어 나르는 데 도움을 준다. 헤모글로빈은 결합된 철 원자로 이루어져 있으며, 그 구조가 특정 파장의 빛을 흡수해 빨간색으로 보인다. 그러나 피부 안쪽의 정맥을 보면 피가 파란색으로 보인다. 그럼 피부를 통해 본 정맥은 왜 파란색일까? 빨간빛이 파란빛보다 더 조직 깊이 파고들어, 우리 눈에 파란빛이 더 많이 투영되기 때문이다. 산소가 제거된 정맥피의 실제 색깔은 산소가 공급된 동맥 속의 피보다 더 짙은 빨강이다.

투명한 피 또는 파란색 피

우리 피가 빨간 건 헤모글로빈 때문이지만, 일부 다른 동물들은 혈액세포 내에 다른 산소 운반 단백질을 갖고 있어 피 색깔이 다양하다. 갑각류와 오징어, 문어, 거미 등 많은 연체동물들은 피 속에 헤모글로빈 대신 헤모시아닌이 들어 있다. 헤모시아닌은 헤모글로빈처럼

적혈구에 결합되지 않고 피 안에서 자유롭게 떠다닌다. 또한 철이 아닌 구리 원자를 함유하고 있다. 이런 차이로 인해 그들의 피는 산소가 제거됐을 땐 무색이고 산소가 공급됐을 땐 파란색을 띤다.

다양한 피 색깔

파란색 외에 다른 색깔의 피도 많다. 공포 영화에서 튀어나온 장면 같겠지만 어떤 벌레와 거머리는 초록색 피를 갖고 있고, 또 어떤 벌레의 경우 자주색 피를 갖고 있다. 초록색 피 중 산소가 제거된 피는 연초록색으로, 산소가 공급된 피는 짙은 초록색으로 변화시키는 클로로크루오린 때문에 생겨난다. 그러나 클로로크루오린 농도가 높을 경우 옅은 빨강색이 된다. 자주색 피는 별벌레류, 완족류 그리고 페니스 웜이란 묘한 이름의 벌레에서 빌견되는 호흡 색소 햄에리트린 때문에 생겨난다.

기후 변화에 적응하는 피

남극 대륙 문어의 피 속에 있는 헤모시아닌은 보이지가 않는다. 이 문어는 섭씨 영하 1.8도에서 영상 2도까지 오르내리는 추운 기온에 적응하면서 그렇게 진화됐다. 차가운 물속에선 산소를 몸 전체에 보내는 게 더 어려운데, 구리 함유 색소 헤모시아닌이 추위 속에서 피에 계속 산소를 공급하는 데 더 효율적인 것이다. 한 연구에 따르면, 남극 대륙 문어는 보다 따뜻한 물에 사는 문어에 비해 피 속에 헤모시아닌이 훨씬 더 많지만, 다른 물고기와는 달리 보다 따뜻한 기후에서도 피에 산소를 공급할 수 있다고 한다. 그러니까 기후 변화에도 그만큼 더 잘 적응할 수 있다는 얘기다.

선탠 제품은 정말 피부를 태양 광선으로부터 보호해줄까?

우리는 오랫동안 햇빛 노출의 위험에 대한 경고를 들어와, 햇빛 노출 없이 황금빛 피부를 가질 수 있는 방법을 모색해왔다. 그 결과 요즘 선탠 제품은 옛날 제품과는 비교도 안 될 만큼 뛰어나다. 그런데 그 대가는 뭘까? 피부에 어떤 작용을 하는 걸까? 해로운 태양 광선으로부터 피부를 보호해줄까?

불완전한 자외선 차단막

많은 사람들이 선탠로션이나 스프레이가 차단막 역할을 해 태양으로부터 피부를 지키며 황금빛으로 그을리게 해줄 거라 믿는다. 그러나 대표적인 선탠 제품은 SPF가 2 또는 3에 지나지 않는다. SPF란 Sun Protection Factor(태양 차단 비율)의 줄임말로, SPF 2나 3은 해당 제품을 쓸 경우 피부에 닿는 자외선이 2분의 1 또

는 3분의 1이란 뜻이다. 차단 효과가 그리 좋은 편은 아닌 것이다.

인공 선탠이 이루어지는 과정

피부 표면에는 각질이 있다. 이 가장 바깥층은 죽은 피부 세포로 되어 있어, 그 아래의 살아 있는 새 세포를 위한 천연 차단막 역할을

한다. 또한 그 성분 중 하나가 케라틴 단백질로 피부 구조를 이룬다. 대부분의 선탠 제품에는 다이하이드록시아세톤(DHA)이 들어 있는데, 이 물질이 케라틴 단백질 내 아미노산에 반응해 멜라노이딘이란 갈색 색소를 형성하고 피부 세포가 점차 갈색으로 변하게 된다. 이를 메일라드 반응이라 하는데, 고기 요리를 하거나 빵을 구울 때 일어나는 반응과 비슷하다. 이 과정은 시간이 걸려 선탠 제품의 효과는 몇 시간 만에 볼 수는 없다. 메일라드 반응은 3일까지 지속되기도 한다.

태닝 효과를 내는 DHA

대부분의 태닝 제품에는 2~5퍼센트의 DHA가 함유되어 있다. 그리고 피부에 DHA를 많이 바를수록 피부색은 더 진해진다. 그러나 피부 표면의 죽은 피부 세포가 새로운 죽은 피부 세포로 대체되면서, 진해졌던 색이 날아가기 시작한다. 또한 죽은 피부 세포는 계속 떨어져 나갈 것이므로, 태닝 상태는 약 1주일을 넘기지 못한다. 그 반응은 피부가 접촉하는 수분의 양에 의해서도 달라지는데, 태닝 제품을 바르고 몇 시간 동안은 씻지 말 것을 권한다.

득보다 실이 많은데도 계속 할 것인가

일부 연구에 따르면, 이런 제품을 사용하면 햇빛 노출 시 받는 피부 손상 정도가 점점 커질 수 있다고 한다. DHA 함유 제품을 쓴 뒤 24시간이 지나고 햇빛 노출 시 피부에 3배나 많은 활성산소가 형성된다는 연구도 있다. 그러나 DHA 농도는 20퍼센트로, 대부분의 제품에서 발견되는 최대 5퍼센트보다 아주 높다. 활성산소란 전자가 빠진 원자로 건강한 세포에 들러붙어 전자를 훔치려 하며, 그 결과 도미노 반응 같은 연쇄적인 피부 손상이 일어나게 된다. 활성산소는 우리 주변에 널렸으며, 대기 오염과 흡연, 햇빛 등에 의해 그 생산이 촉진된다.

과학수사대는 어떻게 범죄 현장에 숨어 있는 혈흔을 찾아낼까?

범죄 수사 프로그램 팬들은 피바다가 된 범죄 현장을 걸레로 닦는다 해서 살인 흔적이 완전히 지워지진 않는다는 걸 잘 안다. TV에선 수사관들이 범죄 현장에 도착하면 모든 것에 어떤 액체를 뿌리는데, 그러면 범인이 절대 찾지 못할 거라 생각한 혈흔이 밝게 빛난다. 그 스프레이 병 속엔 대체 무엇이 들었을까?

문제를 환하게 밝히는 마법 같은 액체

그 병에는 대개 질소, 수소, 산소, 탄소로 이루어진 분말 형태의 혼합물 루미놀이 들어 있다. 스프레이 액체는 그 루미놀에 과산화수소와 수산화나트륨 같은 화학물질을 섞은 것으로, 수사관들은 혈흔이 숨겨져 있을 걸로 예상되는 곳에 그 액체를 뿌린다. 그리고 루미놀이 혈액 내 산소 운반 단백질인 헤모글로빈 위에 뿌려질 경우 화학 반응이 일어난다. 화학물질이 헤모글로빈 내 분자를 분해하면서, 빛 광자 형태로 에너지가 방출돼 어두운 방에서 파란색 형광빛이 나는 것이다. 100만분의 1의 혈흔만 있어도 루미놀에 감지된다.

진짜 범죄, 가짜 범죄

TV에서와는 달리 현실에서는 그 파란색 증거는 30초 정도만 빛나며, 루미놀을 뿌리면 혈흔이 지워져 증거가 손상될 수도 있다. 또한 다른 성분 때문에도 그 같은 빛 반응이 일어날 수 있어, 이 방법이 효과는 있으나 절대적인 건 아니다. 표백제, 피 섞인 소변, 대변, 겨자무 속의 효소 같은 화학물질도 양성 반응을 보이는 것이다.

왜 가을이 되면 나뭇잎 색이 붉게 변하는 것일까?

가을이면 나뭇잎이 평소의 부드러운 녹색에서 따뜻한 노란색, 오렌지색, 빨간색으로 변한다. 이처럼 멋진 가을의 예술 뒤에는 놀라운 화학 작용이 숨겨져 있다.

녹색이 붉은색으로 변하는 과정

엽록소는 대부분의 나뭇잎 특유의 색을 만들어내는 화학 혼합물이다. 식물이 햇빛 에너지를 이산화탄소로, 물을 당분으로 변화시키는 과정인 광합성 과정에 중요한 성분이기도 하다. 겨울이 다가오고 날이 어두워지면, 햇빛 공급이 줄어들어 엽록소 생산 또한 줄어든다. 나뭇잎 안에 있는 엽록소는 분해된다. 그러나 나뭇잎이 녹색에서 노란색, 오렌지색, 빨간색으로 변하는 건 엽록소 분해 때문이 아니라, 늘 존재했지만 덜 우세했던 나뭇잎 속의 다른 화합물이 자신의 색을 드러내기 때문이다.

숨어 있던 오렌지색과 빨간색의 등장

나뭇잎 속에 들어 있는 다른 색소는 카로테노이드와 플라보노이드로, 전자는 오렌지색과 빨간색을, 후자는 노란색을 만들어낸다. 이 색소는 엽록소보다 천천히 분해돼, 엽록소가 줄어들면서 그 모습을 드러내게 된다. 빨간색이나 자주색 나뭇잎이 달린 식물의 경우, 지배적인 색소 화합물은 안토시아닌이다. 이 화합물은 1년 내내 보이는 건 아니며, 어두운 날에 만들어지는 나뭇잎 속 당분 농도가 증가하면 생산되기 시작한다. 안토시아닌이 하는 일에 대해선 정확히 알려진 바 없으나, 추운 겨울을 맞아 그 특유의 항산화 특성으로 식물을 보호하는 일을 한다는 학설이 있다.

삶은 달걀을
원상태로 되돌릴 수 있을까?

과학자들은 우리가 달에서 이렇게 살 수 있는지를 알아내진 못했을지 몰라도, 아침 식사의 가장 중요한 미스터리 중 하나는 풀었다. 놀랍게도, 삶은 달걀 그러니까 적어도 흰자를 원상태로 되돌리는 정도는 가능하다는 것이다.

고체 상태의 달걀흰자를 액체로

달걀은 단백질이 풍부하며, 그 단백질은 다른 단백질처럼 아미노산으로 이루어져, 특정 방식으로 블록 쌓듯 쌓아올려 단백질 특유의 모양과 유용한 특성을 만들어낸다. 그런데 온도가 올라가 단백질의 연결 상태가 느슨해지면, 단백질이 풀어지면서 엉클어진다. 달걀을 삶

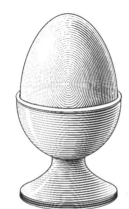

을 경우 투명한 상태에서 하얗게 변하는 건 바로 이 때문이다.

미국 캘리포니아대학교 어바인 캠퍼스의 화학자들은 다 익은 달걀흰자에 질소 화합물 요소를 추가해보았다. 그랬더니 놀랍게도 고체 상태의 달걀흰자가 액체로 변화되었다. 그 뒤 그들은 특수한 회전 유체 장치를 이용해 단백질에 압박을 가해 원래의 구조로 되돌려놓는 방법을 고안했다.

엄청난 경제적 효과를 만드는 단백질

그 화학자들이 재미 삼아 이런 실험을 한 건 아니다. 이런 원리를 이용해 식품 생산 및 암 치료 비용을 절감할 수 있는 가능성이 컸던 것이다. 현재 단백질 형성 시 일어나는 '잘못된 접힘' 현상을 되돌리거나 처음부터 아예 그런 현상이 일어나는 걸 방지하는 데 엄청난 돈이 쓰이고 있다. 예를 들어 암 항체를 만들기 위해 과학자들은 단백질의 잘못된 접힘 현상이 일어나지 않는 햄스터 난소 세포를 이용한다. 이 새로운 방법은 신속하며 낭비가 적고 매년 단백질과 관련해 1,250억 달러의 비용을 절감해줄 잠재력을 갖고 있다.

과학

SCIENCE

과학 경시대회에서 1등을 할 준비가 됐는가?
과학자가 된 마음으로 당신 속에 숨어 있는 천재성을 일깨워 보라.

Questions

1. 메일라드 반응은 당신이 요리를 할 때 음식을 어떤 색으로 변화시키는가?

2. 선탠 제품 포장에 적혀 있는 태양 차단 비율(SPF)은 무슨 뜻인가?

3. 나뭇잎 속의 염색체 생산은 겨울에 더 촉진되는가 저하되는가?

4. 레고 블록은 ABS로 만들어진다. 이는 어떤 물질의 일종인가?

5. 하품을 하면 혈액 속의 산소 수치가 높아진다. 맞는가 틀리는가?

6. 다크 초콜릿과 밀크 초콜릿 그리고 화이트 초콜릿 중 어떤 게 개들에게 더 위험한가?

7. 1930년대에 어떤 독재 정권이 물질 N 실험을 했는가?

8. 주기율표는 완성되었는가?

9. 헤모글로빈은 피 속의 단백질인데, 피를 어떤 색으로 보이게 만드는가?

10. 루미놀 스프레이는 과학수사대원에게 케첩이 어디 있었는지를 알려준다. 맞는가 틀리는가?

Answers

정답은 245페이지 참조.

개는 냄새로 사람의 감정을
알아챈다고?

가장 고통스런 곤충의 침은 무엇일까?

슈미트 곤충 침 고통지수 4를 기록하고 있는 곤충은 병정말벌, 타란튤라호크말벌, 총알개미로, 그 고통이 발뒤꿈치에 7센티미터짜리 녹슨 못이 박힌 채 불타는 석탄 위를 걷는 것과 맞먹는다고 한다.

슈미트 곤충 침 고통지수

미국 곤충학자 저스틴 오벨 슈미트Justin Orvel Schmidt는 침을 가진 벌과 개미류를 연구하는 과정에서 여러 차례 고통스런 침에 쏘인 뒤 곤충 침으로 인한 고통에 등급을 매기는 작업을 시작했다. 1984년에 발표된 그의 곤충 침 고통지수는 이후 두 차례 업데이트됐으며, 슈미트는 지금까지 약 150종의 곤충에게 쏘였다고 한다.

슈미트 곤충 침 고통지수는 인간의 피부를 뚫지 못하는 느낌인 0에서 아주 고통스런 느낌인 4까지, 총 5단계로 나누어져 있다. 중앙아메리카 열대림이 서식지인 총알개미 파로포네라 클라바타Parponera clavata는 세계 최대 규모의 개미종이다. 그 독 안에는 땀과 메스꺼움과 극도의 통증을 유발하는 포네라톡신이 들어 있다. 총알개미는 도발만 당하지 않는다면 대체로 그리 공격적이지 않으며, 독 역시 자신들의 서식지를 지키기 위한 방편으로 진화된 것이다.

벌레는 왜 침을 쏠까?

벌과 개미류의 침은 사실 산란 행위의 일부가 변형된 것이어서, 대개 암놈만 침을 쏜다. 이들은 침을 무기 삼아 먹잇감을 사냥하거나 죽이고, 서식지를 보호하며, 다른 포식자로부터 자신을 지킨다. 벌과 개미류는 모두 말벌처럼 침을 쏘는 조상(1억 년도 더 전부터 존재)의 후손이며, 그래서 생존을 위해 침을 쏘는 게 너무도 당연한 일이다.

총알개미

코끼리의 귀가 유난히 큰 것은 무엇 때문일까?

모든 포유동물은 각자 독특한 진화상의 특징을 갖고 있는데, 코끼리는 큰 몸집과 긴 코 그리고 펄럭거리는 큰 귀가 특징이다. 다른 온혈동물의 귀와는 달리 코끼리의 귀는 정말 크다. 그 이유는? 그 귀를 이용해 몸을 선선하게 유지하기 위한 것이다.

덩치만큼 매력적인 동물

코끼리는 워낙 몸집이 커서 신진대사로 인한 열 발생이 아주 많다. 피부만으로는 그 열을 충분히 빨리 방출할 수 없어 그 크고 편평한 귀가 꼭 필요하다. 그 귀에는 정맥이 빼곡히 들어차 있어 뜨거운 피를 펌프질하면서 열을 방출한다. 그러나 이는 주변 공기가 섭씨 38도 아래일 때만 가능한데, 자연 서식지에선 상황이 늘 그렇지 못하다. 냉각 과정을 돕기 위해, 코끼리는 늘 그늘을 찾으며 절대 물에서 너무 멀리 떨어지지 않고(사막에 사는 코끼리는 물 없이도 여러 날을 견딜 수 있다) 자주 코로 귀에 물을 뿌려 젖은 상태를 유지하려 한다. 또한 두 귀를 펄럭거려 시원한 바람을 만들어낸다.

사는 곳에 따라 달라지는 귀

인도처럼 보다 기후가 선선한 지역에 사는 코끼리는 귀가 눈에 띄게 작다. 또한 시베리아 툰드라 지역에 살았던 맘모스는 털과 두꺼운 지방층이 있어 몸을 따뜻하게 유지했고, 후손과는 달리 귀가 아주 작고 털로 덮여 있었다.

163

홍학이 왜 체중을 가늘고 긴 다리 하나에 싣고 그렇게 오랜 시간(때론 한번에 4시간씩) 서 있는지를 놓고 아직도 의견이 분분하다. 주변의 갈대 속에서 위장하기 위해서라거나 그저 그게 더 편해서라는 등 설명도 다양하다. 그러나 몸을 따뜻하게 유지하려는 것이라는 데 대체로 의견이 모아지고 있다.

체온을 유지하기 위한 걸까?

비교 심리학자 매튜 앤더슨Matthew Anderson과 사라 윌리엄스Sarah Williams는 홍학을 관찰해 육지에 서 있을 때보다 물속을 걸을 때 더 자주 한 발로 서 있다는 사실을 알게 되었다. 그들은 그게 체온 조절 때문이라고 설명한다. 홍학이 물 안에 있을 땐 두 다리가 물에 잠겨 체열을 더 많이 잃게 되며, 그래서 한 발을 들고 균형을 잡는다는 것이다.

왼머리잡이 아니면 오른머리잡이?

앤더슨과 윌리엄스는 홍학 연구를 시작하면서 새가 특정한 일을 하는 데 몸의 어느 한쪽을 더 많이 쓰는 게 아닌가 확인하고 싶었다. 그런데 홍학이 머리를 두는 쪽 다리를 더 많이 쓰지만(대부분의 인간이 오른손잡이이듯 대부분의 홍학은 머리를 오른쪽으로 둔다), 어느 쪽 다리를 더 많이 쓰는가 하는 것엔 신경 쓰지 않는 것 같다는 사실을 알게 됐다. 그들은 또 대다수의 홍학과 달리 머리를 왼쪽으로 두는 홍학은 다른 홍학을 향해 더 공격적인 경우가 많다는 사실도 알게 됐다.

자면서도 깨어 있는

뉴질랜드 과학자들은 홍학이 한쪽 다리로 서 있는 또 다른 이유를 제시했다. 홍학의 그런 행동이 수온보다는 반사작용과 더 관련이 있을지도 모른다는 이야기다. 고래와 돌고래는 물속에서 잠을 잘 때 익사하지 않기 위해 뇌 특정 부위의 기능을 정지시키는데, 홍학 역시 그런 원시적인 능력을 갖고 있는 듯하다는 것이다. 만일 그렇다면 한쪽 다리를 들어 올리는 행동은 졸고 있는 데서 오는 행동, 그러니까 반쯤 깬 상태를 유지해 쉬면서도 포식자를 경계하려는 반사행동일 수도 있다는 것이다.

분홍색 수영장 파티

홍학은 밝은 분홍색 깃털을 갖고 있어 지구상에서 가장 눈에 띄는 새 가운데 하나이기도 하다. 그러나 처음부터 그런 건 아니어서, 새끼 홍학은 회색 깃털을 갖고 있다. 그러다 조류와 새우를 먹으면서 특유의 분홍색으로 변하기 시작한다. 조류와 새우는 카로테노이드가 풍부한데, 그것이 간에서 분해되어 색소 분자로 변해, 깃털과 다리와 부리 속에 축적된 지방에 흡수된다. 세계 여러 지역의 홍학이 서로 다른 색깔을 띠는 것도 바로 이 때문이다. 카리브해 지역의 홍학은 조류를 많이 먹기 때문에 더 풍요롭고 진한 분홍빛을 띠지만, 조류를 먹는 작은 생물을 주로 먹고 사는 홍학은 대개 더 연한 분홍색을 띤다.

개는 정말 사람의 감정을
냄새로 알 수 있을까?

개의 코는 정말 놀랍다. 후각이 아주 뛰어나, 훈련 받은 개는 폭탄 및 마약류를 탐지하거나 지진 생존자들을 찾아내기도 한다. 게다가 개는 그 놀라운 후각 덕에 인간의 감정까지 읽을 수 있어 주인과의 연대감이 더 강해지며 상처받은 사람들을 치유해주는 동반자 역할을 하기도 한다.

끝없이 냄새를 빨아들이는 코

개의 코 시스템은 독특하다. 동일한 콧구멍으로 숨을 들이마시고 내뱉는 인간의 코와는 달리, 개의 코는 양옆에 구멍이 있어 그 쪽으로 공기가 새나간다. 그래서 보다 많은 냄새 분자를 보다 빨리 코로 끌어들임으로써 특정한 냄새에 대한 집중도를 높일 수 있다. 코 안쪽에는 분리된 두 영역, 즉 숨 쉬는 영역과 냄새 맡

는 영역이 있다. 냄새 맡는 영역은 수억 개의 후각 세포가 있어, 1,000만 개의 후각 세포가 있는 인간과 비교된다. 후각 세포는 뇌에 전기 신호를 보내는 데 도움을 주는 세포다.

후각 뇌는 인간보다 훨씬 크다

개는 냄새에 특화되어 있다 해도 과언이 아니다. 냄새 기능을 관장하는 개의 뇌 부위는 인간의 경우와 비교해 훨씬 더 크다. 스펀지 같이 촉촉한 코 표면은 공기 분자를 끌어들이는 역할을 한다. 게다가 개는 두 콧구멍을 통해 따로 냄새를 맡아 냄새가 오는 방향까지 알아낼 수 있어, 그야말로 놀라운 후각을 자랑한다. 그래서 인간에 비해 1억 배나 낮은 농도의 냄새도 탐지하고 해석할 수 있다.

놀라운 호르몬 탐지 능력

개는 극도로 예민한 후각 외에도 특히 예민한 서골비 기관을 갖고 있다. 입천장 위쪽에 위치한 서골비 기관은 발견자인 해부학자 루드비히 레빈 제이콥슨Ludvig Levin Jacobson의 이름을 따 제이콥슨 기관이라고도 한다. 주요 기능은 페로몬(같은 종의 생명체 간에 신호를 보내는 화합

물로 식별 가능한 냄새가 없는 경우도 많다)을 탐지하는 것이다. 이 기관 덕에 개는 잠재적인 짝짓기 대상과 다른 동물들로부터의 적대적인 위협을 알아낼 수 있다. 연구 결과에 따르면, 개는 인간을 비롯한 다른 동물들의 페로몬도 탐지할 수 있다고 한다. 이 페로몬 향을 통해 개는 사람의 성별과 나이 그리고 여성의 임신 여부까지 알아낼 수 있다.

유감스럽게도 인간 페로몬에 대한 연구는 아직 아주 부족하다. 예를 들어 과학자들은 안드로스테논과 안드로스테놀이라는 두 가지 페로몬(생식력이 있는 암퇘지가 수퇘지를 유혹하는 데 도움을 준다)을 알아냈지만, 아직 이 페로몬을 인간에겐 적용하지 못하고 있다. 연구 결과 인간의 아기는 모유 냄새를 구분할 수 있고 성인은 땀 냄새로 어떤 사람이 불안해하는지 아닌지를 알 수 있다는 증거도 있어, 페로몬이 각종 신호를 발산하고 있다는 걸 알 수 있다. 그런데 개는 우리 인간과는 비교도 안 될 만큼 이 모든 걸 읽는 데 뛰어난 것이다.

비둘기는 어떻게 멀리 떨어진 곳에서도 집을 찾아올 수 있을까?

고대 그리스와 로마 시대 이후 인간은 비둘기의 귀소 본능을 스포츠와 통신에 이용해오고 있지만, 아직도 비둘기가 어떻게 길을 찾는지는 정확히 알지 못한다. 그러나 비둘기가 시각과 후각을 이용해 완벽하게 길을 찾음으로써 현대 시대에 적응한 것은 분명한 사실이다.

도로를 읽는 놀라운 감각

수백 킬로미터 떨어진 데 풀어놓은 비둘기가 어떻게 자기 집을 찾아오는지에 대해서는 정

말 이런저런 학설이 많다. 비둘기는 짝과 둥지 그리고 알려진 식량원으로 돌아오려는 본능이 강하다. 그런데 그 본능이 과연 시속 110킬로미터가 넘는 속도로 하루에 970킬로미터나 날아가게 할 만큼 강할까? 연구에 따르면, 비둘기는 저주파 음과 태양의 위치와 지구 자기장을 이용해 머릿속에 주변 환경의 지도를 그린다고 한다. 옥스퍼드대학교 연구진은 10년간의 연구를 통해 비둘기가 가장 가까운 직선로를 따라가진 않더라도 일반 도로와 고속도로를 이용해 길을 찾는다는 사실을 알아냈다. 그 연구에서 일부 비둘기는 교차로에서 방향을 틀기까지 했다.

코를 믿고 날아보라

과학자들은 비둘기의 후각 기관 속 신경을 잘라내 그들의 후각이 길을 찾는 데 얼마나 큰 영향을 주는지를 알아내려 했다. 비둘기가 전적으로 코에 의존하는 것 같진 않았으나, 어쨌든 그 결과 후각 신경이 없는 비둘기는 제대로 길을 찾지 못한다는 게 입증됐다. 중국에서 실시된 한 연구에서는 415마리의 경주용 비둘기가 대기 오염이 심한 지역에서 더 빨리

집을 찾았는데, 오염된 대기의 냄새 신호가 더 강해 비둘기가 길을 찾는 게 더 쉬웠던 걸로 보인다.

부리 안에 숨겨진 자철석

지구 자기장은 비둘기를 비롯한 많은 동물이 길을 찾는 데 중요한 역할을 한다. 생물학자들은 철새나 바다거북, 바닷가재가 모두 지구 자기장을 이용해 먹이와 집 또는 온화한 지역을 찾아간다는 증거를 찾아냈다. 눈을 가린 비둘기도 자기 집을 찾아가는데, 이는 비둘기가 태양의 위치와 시각적 단서에만 의존하는 게 아니라는 걸 잘 보여준다.

지구 자기장은 극지에서 가장 강하고 적도에서 가장 약하다. 뉴욕 코넬대학교의 찰스 월콧Charles Walcott 박사가 여러 해 동안 연구한 바에 따르면, 비둘기는 이 지구 자기장의 세기와 각도를 측정해 필요에 따라 코스를 바꿔갈 수 있다고 한다. 한 연구에서는 지구 자기장이 역전된 자성 코일을 비둘기의 머리에 씌워보았다. 그런 다음 집에서 먼 데서 풀어놓으니 집과 반대 방향으로 날아갔다. 그는 또 비둘

기 부리 위쪽 안에서 소량의 자철석을 발견했는데, 이 자철석의 효과와 기능에 대해선 아직 알려진 바 없다.

왕의 천사

이집트인은 인접한 도시에 나일 강의 상태를 알리기 위해, 로마인은 올림픽 경기 결과를 알기 위해 메시지 전달용 비둘기를 활용했다. 아랍인들도 비둘기를 이용해 제국 곳곳의 소식을 주고 받았는데, 그들은 메시지 전달용 비둘기를 '왕의 천사'라 부르기도 했다.

세계에서 가장 큰
단일 생명체는 무엇일까?

당신은 크기를 어떻게 재는가? 높이로? 길이로? 아니면 무게로? 무게만 생각한다면 세계에서 가장 큰 동물인 대왕고래는 무게가 200톤이나 된다. 당신은 아마 정말 크다고 생각할 것이다. 그러나 이 대왕고래도 세계에서 가장 무거운 단일 생명체, 즉 라틴어로 '나는 퍼져 간다'의 뜻인 일명 '판도Pando(사시나무의 일종)'라는 나무에 비하면 새 발의 피다.

4만 개의 줄기로 이루어진 나무

현재 세계에서 가장 무거운 생명체는 미국

유타주 와사치 산맥의 43만 제곱미터 면적을 차지하고 있는 4만 7,000개의 나무줄기로 이루어진 사시나무다. 단일 뿌리 체계와 독특한 유전자를 갖고 있는 이 사시나무는 그 무게가 590만 킬로그램에 달할 것으로 추정된다. 무게가 200만 킬로그램 정도 되는 세계에서 가장 큰 자이언트 세쿼이아보다 훨씬 더 무겁다.

대부분의 나무는 유성 생식을 통해(수나무의 꽃 속 꽃가루로 암나무의 꽃을 수정 또는 한 나무가 암수 역할을 다한다) 번식하지만, 수 사시나무 같은 일부 종은 무성 번식을 이용한다. 나무가 땅속에서 수평으로 30미터 거리까지 뿌리를 뻗는 것이다. 그 뿌리에서 수직으로 싹이 자라 줄기가 되고 그게 다시 새로운 나무줄기로 자라, 그런 식으로 나무가 반복해 자신을 복제한다. 이런 연결성 때문에 한 나무줄기가 죽으면 전체 생명체가 호르몬 불균형을 겪게 된다. 여러 개의 줄기가 죽을 경우 머릿수를 채우려 새로운 나무줄기가 아주 빠른 속도로 자라게 된다.

세계에서 가장 오래된 곰팡이

작은 것들 역시 커질 수 있다. 미국 오리건주

블루 산맥에 있는 특별한 뽕나무버섯이 그 좋은 예다. 맬히어 국유림 안에 있는 아르밀라리아 솔리디페스Armillaria solidipes라는 이름의 곰팡이는 수십 그루의 나무를 죽이며 새로운 숙주를 찾아 계속 땅 밑으로 퍼져가고 있다. 땅 위에는 꿀 색깔을 띤 버섯이 그 모습을 드러내고 있다. 1998년 연구팀은 거의 4킬로미터나 떨어져 있음에도 불구하고 61그루의 나무가 이 곰팡이 군락에 의해 죽어 있는 걸 발견했다. 그들은 9제곱킬로미터의 면적을 뒤덮고 있는 이 곰팡이가 1,900년에서 8,650년 정도 된 걸로 추정해, 이 곰팡이는 세계에서 가장 오래된 생명체 중 하나로도 꼽힌다.

대왕고래의 놀라운 능력

대왕고래는 그 크기를 가늠하기 힘들다. 이들은 30미터(약 10층짜리 건물 높이) 길이까지 자라며, 심장만 해도 자동차 한 대의 무게가 나간다. 워낙 덩치가 커 위로 뿜어대는 물줄기 높이가 9미터나 되며, 1,600킬로미터 떨어진 곳에서도 서로 의사소통을 한다. 수중 동물 중 크기 면에서 이들에 필적할 만한 동물은 향유고래로, 그 길이가 거의 24미터까지 자라는 걸로 알려져 있다.

영리하기로 소문난
돌고래의 지능은 얼마나 될까?

돌고래의 대뇌화 지수(평균 몸 크기 대비 뇌 크기)는 인간 다음으로 커서, 돌고래가 지구상에서 가장 지능이 높은 생명체라는 말이 자주 나온다. 그런데 돌고래의 지능은 어떻게 측정되며, 돌고래는 그 지능을 정확히 어디에 쓸까?

동물의 지능에 대한 과소평가

지능을 정의하는 방법은 많으며, 그걸 측정하는 방법은 훨씬 더 많다. 사람들이 돌고래가 얼마나 영리한지를 얘기할 때 그건 대개 그들의 지능을 인간의 지능과 비교하는 것으로 돌고래와 인간의 사회성 및 커뮤니케이션 방법을 비교하는 것이다.

그러나 일부 과학자들에 따르면, 돌고래가 심

벌 사용 및 사회성 등 여러 테스트에서 유인원과 까마귀과(까마귀와 까치 등) 조류와 비슷하게 높은 점수를 받았으며 반향 위치 측정을 통한 커뮤니케이션 능력까지 갖고 있지만, 식사 호출 및 경고 같은 측면에서 볼 때는 닭처럼 아주 높은 점수를 받는 다른 종도 많다. 그래서 어떤 과학자들은 돌고래가 뛰어난 종이 아니라 우리가 다른 동물들의 능력을 과소평가하고 있는 거라고 주장하기도 한다.

늑대 이빨에서 방어용 무기로

3,400만 년 전에는 늑대처럼 날카롭고 큰 이빨을 가진 돌고래 조상들이 바닷속을 휘젓고 다녔다. 그러나 이 포식자들은 대양이 식어가면서 먹이 조달이 힘들어지는 급변기를 맞게 되고, 결국 새로운 환경에 적응하는 쪽으로 진화하게 된다. 그 결과 돌고래는 반향 위치 측정을 통한 커뮤니케이션이 가능하게끔 뇌가 훨씬 더 커졌고, 안테나 역할을 하는 이빨은 톱니 같이 작아졌다. 돌고래는 먹이를 통째로 삼키기 때문에, 이들의 이빨은 씹기 위한 게 아니라 먹이를 움켜쥐기 위한 것이며 방어용 무기 역할을 한다. 또한 돌고래는 혼자가 아니

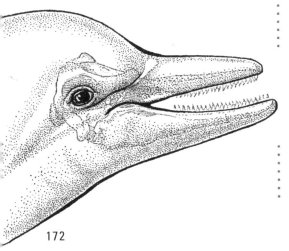

라 서로 힘을 합쳐 대규모 물고기 사냥에 나서게 된다.

돌고래의 영리한 사냥 전략

복잡한 소셜 네트워크를 만드는 돌고래의 능력은 생존에 필수적이다. 그리고 각 소셜 네트워크는 각자의 기후와 환경에 맞춰 독자적인 사냥 전략과 행동을 개발한다. 예를 들어 호주 연안 샤크 베이에서는 일부 남방큰돌고래들이 날카로운 산호에 다치지 않게 주둥이를 해면동물로 덮고 다니는데, 그 덕에 바닥을 파거나 물고기 잡는 일이 훨씬 쉬워진다. 반면에 미국 플로리다주 연안에서는 돌고래 한 마리가 빠른 속도로 뱅뱅 돌며 아래쪽 모래를 휘저어 그물을 만든다. 그런 다음 다른 돌고래한테 알려 도망가려는 물고기를 쉽게 잡는다.

수십 년간 짝을 이루는

아주 지능이 높은 이 동물은 인간이 관심을 갖고 추적 연구를 할 만큼 복잡한 사회 구조를 갖추고 있다. 수놈 돌고래는 둘이 또는 셋이 짝을 이뤄 수십 년간 붙어 다니는 걸로 알려져 있다. 그들은 그 작은 그룹 안에서 암컷에게 구애도 하고 함께 보호도 한다. 그러나 다른 돌고래 집단과 마주칠 경우 둘 또는 셋으로 이루어진 다른 짝과 동맹('2차 동맹'이라고 한다)을 맺고 다른 암컷을 훔치고 자신들의 암컷은 보호한다.

앵무새는 정말 말을 할 수 있을까?

앵무새는 사회적인 동물로, 갇혀서 지내거나 애완동물로 살 경우 얼핏 보기엔 대화하는 것 같지만 실은 주변 소리를 흉내 냄으로써 인간 친구와 커뮤니케이션을 하려 애쓴다.

1,000개 이상의 단어를 따라 하는 회색앵무

우리에게 알려진 앵무새는 거의 400종이며, 그중 상당수는 다른 새의 소리를 흉내 낼 수 있고, 또 종종 '동물의 왕국' 내 날개 달린 동물 가운데 가장 똑똑한 동물로 여겨진다. 예를 들어 일부 아프리카 회색앵무는 1,000개 이상의 단어를 따라 할 수 있다. 그러나 많은 연구 결과에 따르면 앵무새가 할 수 있는 일은 들려오는 소리를 흉내 내는 것까지다. 지능이 아주 높은 이 동물은 자연 상태에서 아주 오래

살며, 자기 가족들이 내는 각종 신호와 소리를 배우고 또 함께 모여 사회적 결속력을 구축한다. 모든 앵무새 종 가운데 작은앵무(애완동물로 보통 '작은잉꼬'라고도 한다)가 인간의 소리를 가장 잘 흉내 내며 심지어 초인종과 전화벨 소리도 재연해낼 수 있다.

다른 지역 새의 방언을 알아듣는 앵무새

앵무새 외에도 흉내 내는 능력을 갖고 있는 새가 있다. 인디언 구관조와 북방 모킹버드도 생존을 위해 흉내 내기 본능에 의존한다. 이들

이 소리를 흉내 낼 수 있는 건 뇌 속 '노래 핵 song nucleus' 덕이다. 서로 연결된 이 신경세포 덕에 똑같이 노래하고 또 배울 수 있는 것이다. 앵무새는 서로의 신호에 워낙 익숙하며, 지역 방언까지 써서 다른 데서 온 새를 알아볼 수 있는데, 이는 적을 피하고 짝짓기 상대를 고르는 데 더없이 중요한 능력이다.

하버드대학에 바친 삶

알렉스Alex는 아프리카 회색앵무로 31세까지 살았다. 이 새의 삶은 거의 다 미국 하버드대학교와 브랜다이스대학교의 비교 심리학자 아이린 페퍼버그Irene Pepperberg 박사의 연구에 바쳐졌다. 그녀는 알렉스가 1세 때 애완동물 가게에서 데려와 기본적인 표현을 사용해 커뮤니케이션을 가르치기 시작했다. 그녀가 쓴 한 가지 중요한 방법은 알렉스가 요구하는 대로 했을 때, 예를 들어 포도 같은 걸 상으로 주는 것이었다. 알렉스는 금방 게임의 법칙을 알아챘다. 그 새는 물체와 모양, 색깔, 물질을 묘사할 수 있었고, 몇 가지 기본적인 개념도 이해했다. 대부분의 인간이 유아기에 습득하는 논리 능력은 전혀 개발되지 못했지만, 배우는 능력만은 기대치를 훨씬 뛰어넘었다. 페퍼버그 박사가 최후의 순간을 맞은 알렉스를 새장에 넣어줄 때 이 새가 마지막으로 한 말은 이랬다. "잘 있어요. 내일 봐요. 사랑해요."

왜 기린은 머리를 깊이 숙였다 드는데도 현기증을 느끼지 않을까?

기린은 무게 11킬로그램에 길이 60센티미터인 심장을 가졌으며 그 어떤 포유동물보다 혈압이 높아, 물 한 모금을 마시는 것 같은 단순한 일로도 어지럼증을 느낄 거라 생각하기 쉽다. 그러나 이 인상적인 동물은 독특한 심혈관계를 갖고 있어 높이 5미터나 되는 머리를 들어 올리는 일을 식은 죽 먹기처럼 한다.

2미터 위 머리를 보호하는 거대한 심장

기립 저혈압은 앉은 자세에서 너무 급히 일어나거나 수평적인 위치에서 수직적인 위치로 자세를 바꿀 때 혈압이 낮아지며 나타난다. 사람 몸은 자리에서 일어날 때 혈압이 올라가 다리와 발로부터 머리로 더 많은 혈액을 보내게끔 되어 있으며, 이런 일이 효과적으로 이루어지지 않을 경우 약간의 어지럼증을 느끼게 된다.

사람의 머리는 심장으로부터 30센티미터 정도 위쪽에 있지만, 기린의 머리는 2미터 위쪽에 있을 수도 있다. 기린의 심장이 커진 건 이먼 거리와 중력의 효과를 상쇄하기 위한 것으로, 기린의 심장은 분당 73리터의 피를 펌프질해댄다. 이렇게 예외적으로 혈압이 높아지

는 건 기린이 똑바로 서서 나무 꼭대기의 열매 같은 걸 먹을 때이고, 그렇다면 물 한 모금 마시려고 머리를 밑으로 내릴 때는 어떨까? 기린이 머리를 숙일 때 주요 목 정맥 안에 있는 판막이 자동으로 잠겨 머리로 가는 피의 양이 줄어들게 된다. 이 정맥은 시간이 지나면 다시 더 두꺼워지고 강해지며, 탄력성이 있어 갑작스런 혈류 변화에 맞춰 확장 또는 수축된다.

피를 빨아들이고 방향을 전환하는 기술

이 같은 해부학적 경이로움을 완성하는 것은 기린 뇌의 아래쪽에 있는 스펀지 형태의 정맥망으로, 이 정맥망을 통해 기린의 머리가 밑으로 내려올 때 가능한 한 많은 피를 빨아들이고 방향을 전환시키게 된다. 그런 다음 기린이 목을 들어 올리면 정맥이 뇌로 향하는 혈류 속도를 빠르게 다시 높여 기린은 머리를 갑자기 들어 올리면서도 어지럼증을 느끼지 않는 것이다.

우주로 간 기린

미 항공우주국(NASA) 과학자들은 무중력 상태가
우주비행사의 혈관에 미치는 영향을 최소화하기
위해 기린의 생리를 연구해왔다. 대부분의 시간
을 다리 쪽 혈압이 떨어진 상태로 보내는 우주비
행사처럼 자궁 속 기린 태아의 다리는 중력의 힘
을 많이 받지 않지만 태어나면서 바로 상황이 180
도 바뀐다. 1980년대에 과학자들은 기린이 자연
상태에서 태어나 30분 만에 두 발로 서는데 어떻
게 그렇게 빠른 속도로 중력을 거스르는 능력을
갖게 되는지를 연구했다. 그 결과, 기린은 다리 혈
관이 굵어지고 가죽이 두꺼워지며, 그래서 피가
거기에 고이질 않는다는 사실을 알아냈다. 과학
자들은 기린의 이 같은 '압박 양말'에서 힌트를 얻
어 미 항공우주국의 하지 압력 장치를 개발했다.
이 장치는 우주에서 하지 쪽에 부압(대기압 이하
의 압력)을 주는 장치로, 심혈관 및 근육 기능 저
히 예방에 도움을 준다.

식물은 포식자로부터 자신을 지키기 위한 강력한 방어 메커니즘을 갖고 있다. 예를 들어 어떤 식물은 곤충에게 잡아먹힐 때 독성 화학물질을 감지해 그 곤충에게 해로운 화학물질을 방출한다. 그러나 어떤 식물은 공격으로부터 자신을 지키기 위해 동물과 동맹을 맺기도 한다.

공격받으면 기생말벌을 부르는 식물

그간 담배 식물이라고도 불리는 니코티아나 Nicotiana에 대해선 많은 연구가 이루어졌다. 이 식물의 씨는 100년간 동면 상태를 유지할 수 있을 만큼 회복력이 아주 강하고 환경에 대한 적응력도 뛰어나며 위협 대상도 거의 없다. 애벌레가 이 씨를 파고들려면 목숨을 내놓을 각오를 해야 한다. 애벌레의 타액이 감지되는 순간 니코티아나 씨는 기생말벌을 끌어들이는 공기 매개 화학물질을 발산하기 때문이다. 기생말벌은 애벌레 안에 알을 낳는데, 그 유충이 자라면서 애벌레를 잡아먹는 것이다. 결국 애벌레를 상대로 식물과 말벌이 최고의 공생 관계를 유지하는 것이다.

야생의 부름에 답하다

옥수수, 담배, 목화는 모두 화학물질을 방출해 자신을 공격하는 애벌레의 천적인 기생말벌을 끌어들인다. 연구에 따르면, 상업용 담배나무는 낮이고 밤이고 자신이 활용 가능한 곤충을 끌어들여 애벌레의 공격을 최소화한다고 한다. 낮에는 기생말벌이 사냥을 하므로 해가 뜨면 그들에게 도움을 청하고, 밤이 되면

또 다른 화학물질을 방출해 야행성 나방이 자신 위에 알을 낳는 걸 막는 것이다. 그 결과 자신이 가장 취약한 시기에 굶주린 애벌레 개체 수가 늘지 않게 조정하는 효과를 만들어낸다.

세상에, 말하는 나무라니!

어떤 식물은 곤충과 얘기하는 정도로는 만족 못해 잎이 무성한 다른 식물과 커뮤니케이션을 한다. 식물 커뮤니케이션에 대한 연구는 그 역사가 비교적 짧은데, 초기 연구는 식물이 과연 의도적이든 아니든 임박한 위험을 다른 식물(같은 종 또는 다른 종)에게 알릴 수 있느냐 하는 데 집중됐다.

1980년에 행해진 '식물들의 은밀한 삶' 연구는 상처를 입은 단풍나무와 미루나무는 화학 신호를 내보내 상처 입지 않은 이웃들에게 방어 기회를 주는 것 같다는 발표로 일대 센세이션을 불러일으켰다. 이 연구는 이후 다른 많은 식물로 확대되어 왔으며, 식품 과학자들은 지금 이 새로운 정보를 활용해 작물 재배 방식에 변화를 주고 있다. 동아프리카 지역에 있는 옥수수밭은 늘 줄기를 갉아먹는 애벌레 때문에 골치다. 그러나 옥수수 사이에 당밀이 자

라면 애벌레의 공격이 줄어든다. 당밀이 말벌을 끌어들이고, 그 말벌이 애벌레 개체 수 증가를 억제해주기 때문이다.

도와주세요!

겨우살이 아래에서 키스하는 풍습은 왜 생긴 것일까?

세계 여러 지역에서 축제 시즌이면 집 출입구에 겨우살이를 내거는 풍습이 있다. 연인이 그 밑에 서 있다면 키스를 하려는 게 분명하다. 그런데 이런 의식은 대체 어떻게 생겨난 것이고, 또 그게 흰 열매가 열리는 이 식물과 무슨 관계가 있는 걸까?

프리그 여신의 노여움을 산 겨우살이

겨우살이는 3세기경 유럽에서 크리스마스 장식의 일부가 되었지만, 이 풍습은 노르웨이 신화에 나오는 발드르Balder 신으로부터 생겨났다. 그는 모든 신들 특히 자신의 어머니인 프리그Frigg 여신으로부터 총애를 받아 삼라만상 모든 것으로부터 자신을 해치지 않겠다는 다짐을 받는다. 그러자 이 새로운 특혜에 배가 아팠던 말썽꾸러기 신 로키Loki가 발드르를 해칠 방법을 찾아낸다. 워낙 작고 하찮아 프리그가 신경도 쓰지 않은 겨우살이로 하여금 우연히 만난 발다르를 독화살로 쏴 죽이게 한 것이다. 화가 머리끝까지 난 그의 어머니 프리그는 겨우살이에게 다시는 누구도 해치지 못하게 하고, 또 그 밑을 지나가는 누구에게든 키스를 하게 만들었다. 신화에 의하면 겨우살이의 하얀 열매는 눈물이 변해서 만들어진 것이다.

기생 식물

겨우살이 하면 축제 기간 중의 멋진 로맨스가 연상되지만, 사실은 기생 식물로 생존을 위해 숙주 식물로부터 영양분을 앗아간다. 미국 겨우살이속의 학명은 프로덴드론. 그리스어로 '나무의 도둑'이란 뜻이다.

악어는 정말 돌도 소화시키는 동물일까?

악어의 주식은 개구리, 연체동물, 썩어가는 동물 시체 등등, 인간은 먹기 꺼리는 것들인데, 정말 못 먹을 건 간식으로 먹는 돌이다. 악어는 '동물의 왕국'에서 돌을 삼키는 몇 안 되는 동물 중 하나다. 더욱이 우연히 삼키는 것도 아니고 무려 간식으로 먹는다.

악어에게 돌은 소화제

악어가 돌을 삼킬 경우 그 돌은 '위석'이라 한다. 그리고 악어의 이런 행동에는 몇 가지 이유가 있다. 이 '돌 음식'도 악어에게는 쓸 데가 있는 것이다.

먼저 돌은 악어의 소화에 도움이 된다. 위 속에 들어간 돌이 먹이를, 특히 씹을 새도 없이 삼킨 먹이를 갈아주는 역할을 하기 때문이다.

악어는 큰 동물을 통째 삼키는 걸로 유명한데, 그래서 위석은 그 먹이의 뼈나 껍데기를 가는 데 도움이 되는 것이다. 일부 과학자들은 먹이가 부족할 때 악어가 포만감을 느끼기 위해 돌을 먹기도 한다고 말한다.

정말 무거운 식사

악어는 상당 시간을 물속에서 보내거나 아니면 물속에서 눈과 콧구멍만 내놓고 먹잇감을 쫓아다닌다. 위석 때문에 4~5킬로그램씩 몸무게가 늘어나면 물속에 몸을 숨기는 데 도움이 된다. 일부 과학자들은 몸무게 증가가 부력에 영향을 줄 정도는 아니나 돌이 몸을 안정시켜주는 역할을 해, 악어가 물속에서 뒤집어지는 일이 줄어들게 된다고 얘기한다.

음……

해바라기는
정말 태양을 따라 움직일까?

해바라기는 곧이곧대로 이름대로 살아간다. 그리고 태양 숭배에 관한 한 고대 인류보다 더 대단하다. 어린 해바라기는 태양이 뜰 때 동쪽으로 얼굴을 돌려 하루를 시작하며, 태양이 서쪽으로 질 때까지 그 뒤를 쫓는다. 그리고 밤새 천천히 제자리로 돌아온 뒤 같은 일을 반복한다.

해를 보며 강하게 자라라

미국 캘리포니아대학교 데이비스 캠퍼스의 연구팀에 따르면, 어린 해바라기는 성장 방법 때문에 태양을 쫓는다고 한다. 이처럼 태양을 쫓는 걸 굴광성이라고 하는데, 이는 빛에 반응하는 해바라기의 유전자와 일주기 리듬이라고 하는 24시간 주기의 생물학적 과정으로 인한 현상이다. 낮에는 해바라기의 동쪽 면이 더 잘 자라 서쪽을 향해 늘어나게 되고, 밤이면 서쪽 면이 더 잘 자라 원래 자리로 돌아오게 되는 것이다. 연구팀이 태양을 향하지 못하게 막자, 해바라기는 크기와 잎 표면적이 눈에 띄게 덜 자랐다.

동쪽으로 향하는 꽃

다 자란 해바라기는 대개 방향이 동쪽으로 고정된다. 동쪽으로 향하는 꽃은 보다 빨리 따뜻해지고, 보다 빨리 따뜻해지면 더 많은 벌을 불러들여 더 왕성한 수분 활동을 하게 된다. 과학자들은 동쪽으로 향하는 꽃과 서쪽으로 향하는 꽃을 비교해봤는데, 전자가 5배나 더 많은 벌을 끌어들였다. 그럼 이런 꽃은 어떻게 동쪽으로 향하게 될까? 식물이 다 자라 성장 속도가 둔화되면, 일주기 리듬 때문에 오후보다는 이른 오전의 빛에 더 강하게 반응하게 되고, 그러면서 서서히 서쪽으로 움직이는 걸 멈추게 된다. 해가 동쪽에 있을 때 주로 반응하기 때문에 동쪽으로 방향이 고정되는 것이다.

동물과 식물

ANIMALS AND PLANTS

동물과 식물에 대해 많은 것을 알게 되었나?
퀴즈를 통해 좀 더 정확하게 기억해 두었다 대화를 더욱 풍성하게 만들어 보라.

Questions

1. 목이 긴 어떤 동물이 목 정맥 안에 기립 저혈압을 막아줄 특수 판막이 있는가?

2. 총알개미는 그 속도와 고통스런 침 중 어떤 걸로 명성이 높은가?

3. 개의 제이콥슨 기관은 꼬리 안에 들어 있다. 맞는가 틀리는가?

4. 세계에서 가장 큰 동물은 무엇인가?

5. 작은앵무는 흉내 내는 걸로 유명한 어떤 종의 새에 속하나?

6. 악어는 자신의 몸을 물속에 가라앉히려고 돌을 삼킨다. 맞는가 틀리는가?

7. 돌고래의 뇌는 평균적인 몸 크기에 비해 큰가 작은가?

8. 홍학은 왜 분홍색을 띠는가?

9. 다 자란 해바라기는 대개 어떤 방향으로 향하는가?

10. 비둘기는 자기 집을 찾아오는 데 도로를 이용한다. 맞는가 틀리는가?

Answers

정답은 245페이지 참조

정말 고양이와 개가
비처럼 떨어진 적이 있을까?

포그와 미스트는 둘 다 '안개'라는 뜻인데 서로 어떻게 다를까?

영어 포그fog와 미스트mist는 둘 나 작은 물방울로 이루어진 일종의 짙은 하층운으로 거의 구분하기 어려우나, 시야를 흐리게 만드는 정도에 따라 어느 쪽인지가 결정된다.

얼마나 멀리 볼 수 있나

포그라는 말은 육안으로 본 가시거리가 180미터 이내일 때 쓴다. 그러나 항해 및 항공 분야에서 국제적으로 인정된 가시거리는 1,000미터이며, 그보다 가시거리가 멀 때는 미스트로 본다.

짙은 안개 때문에 미궁에 빠지다

안개는 아름답고 매혹적이어서 풍경과 산 정상의 분위기를 신비롭게 만들기도 하지만, 그 특이한 기후적 특성 때문에 문제를 일으키기도 한다. 1815년 워털루 전투에서 웰링턴이 승리했다는 소식이 영국 해안에서 런던까지 수신호로 전달됐는데, 짙은 안개 때문에 혼선이 생겨 영국인들에게 대혼란을 안겨주었다. '워털루에서 웰링턴이 나폴레옹을 격파했다'는 메시지가 '웰링턴이 패배했다'로 잘못 해석됐던 것이다.

역사상 가장 치명적인 안개

1956년과 1968년 대기오염방지법이 제정되기 전까지만 해도 런던은 오염된 굴뚝 연기가 습한 시내 공기와 합쳐져 만들어지는 짙은 스모그로 악명 높았다. 워낙 짙은 유황 연기 때문에 '완두콩 수프'라고도 불렸던 그 스모그로 가시거리가 겨우 60센티미터밖에 안 됐다고 한다. 1952년 12월 기상 악조건에 공장 매연까지 겹쳐 발생한 '그레이트 스모그'는 5일 가까이 지속되면서 약 4,000명의 목숨을 앗아갔고 더 많은 사람들에게 온갖 건강 문제를 일으켰다.

번개는 같은 곳에 두 번 내리치지 않는다고 하는데 그 말은 사실일까?

번개는 시속 2만 2,500킬로미터의 속도로 100킬로미터 거리를 갈 수 있다. 당신이 번개에 맞을 확률은 약 300만 분의 1밖에 안 되지만, 그렇다고 해서 한 사람이나 한 장소에 번개가 두 번 이상 내리친 적이 없는 건 아니다.

아무도 원치 않는 기록

미국 버지니아 출신의 공원 경비원 로이 클리블랜드 설리번Roy Cleveland Sullivan은 1942년부터 1977년 사이에 번개를 7번이나 맞아, 가장 많은 번개를 맞고 살아남은 기네스북 세계 기록 보유자가 됐다. 그리고 엠파이어스테이트빌딩은 15분간 지속된 폭풍우 속에 15번이나 번개에 맞았다.

번개를 쫓는 사람

미국 건국의 아버지이자 발명가였던 벤자민 프랭클린Benjamin Franklin은 금속이 번개를 전도한다는 가설을 처음 내놓은 사람 중 하나였다. 1752년 그는 번개가 일종의 전기라는 이론의 입증에 나섰다. 실험 방법과 실제 실험 실시 여부를 둘러싸고 아직도 과학적인 논란이 있지만, 그는 당시 연에 절연용 실크 리본

태양보다 뜨겁다

번개가 땅에 내리꽂히는 순간 발생하는 에너지는 주변 공기를 섭씨 1만 도에서 3만 3,000도까지 올리는데, 이는 섭씨 5,500도인 태양 표면 온도의 최대 6배에 이른다. 운이 없어 번개에 맞는 사람은 일시적 청각 장애나 3도 화상, 심지어 심장마비까지 겪게 되지만, 목숨을 잃을 확률은 10퍼센트밖에 안 된다.

으로 금속 열쇠를 매달았다. 폭풍우 속에 연을 날리자 그 열쇠에 번개가 내리쳤고, 라이덴 병이라는 초창기 축전기에 전기가 저장됨으로써 그의 이론이 옳다는 게 입증됐다. 다행히 프랭클린은 그 실험에서 살아남아 실험 결과를 알릴 수 있었다.

모래 언덕은
얼마나 빨리 움직일 수 있을까?

마르코 폴로에서 알렉산더 대왕, 칭기즈 칸에 이르는 세계에서 가장 유명한 모험가와 정복자 그리고 탐험가는 사막을 건너 이동하며 역사의 흐름을 바꿔왔다. 그런데 사막의 모래 언덕 역시 바람의 힘을 이용해 이동한다는 사실을 알고 있는가?

기어오르는 모래

모래 언덕은 모래가 많은 상황에서 거기에 뿌리 내릴 식물이 거의 없고 강한 바람이 불고 덤불이나 바위가 있어 그 위에 모래가 쌓일 때 형성된다. 모래가 이동하는 방법은 떠오르기, 기어오르기, 도약하기 등 세 가지다. 떠오르기는 모래알이 아주 강한 바람에 날려 공중에 뜨는 것으로 모래 언덕의 이동에 1퍼센트 정도 기여한다. 기어오르기는 모래알이 다른 모래알에 부딪혀 튕기거나 굴러가는 것으로 모래 언덕의 이동에 4퍼센트 정도 영향을 미친다.

튀어 가는 모래

도약하기는 바람 때문에 모래알이 지상 몇 센티미터 위로 들어 올려졌다 몇 센티미터 밖에 떨어져 계속 튀어 가는 것이다. 이 방법이

야발로 모래가 움직이는 데 절대적인 기여를 한다. 모래 언덕의 바람맞이 쪽에 모래가 쌓이면 중력 때문에 꼭대기의 모래는 결국 살살 흘러내리든 쏟아져 내리든 반대쪽으로 내려가게 된다. 최종적으로는 모래 언덕의 측면 전체가 무너져버린다.

시간의 모래

모래 언덕의 이동 속도는 바람의 속도, 모래 언덕의 크기, 진행 방향에 있는 식물의 양(식물이 많을수록 방해를 받아 이동 속도가 느려진다)에 따라 다르다. 보다 작은 모래 언덕(높이 6미터 이내)은 보다 적은 모래로 형성되며, 이동 속도가 훨씬 빨라 1년에 12미터까지도 이동한다. 바람이 시속 65킬로미터까지 부는 미국 콜로라도주의 그레이트 샌드 듄 국립공원의 일부 모래 언덕은 1주일에 1미터 정도씩 움직이는 것으로 알려져 있다. 높이 9~30미터에 너비 370미터도 더 되는 초승달 모양의 '바르한' 모래 언덕은 대개 1년에 4미터까지 이동한다. 이런 모래 언덕은 보통 투르케스탄과 나미브 사막 등 탁 트인 내륙 지역에 생긴다.

사막에 집어삼켜지다

사막 안이나 근처 또는 모래가 많은 해안 지대 옆에 사는 사람들은 늘 모래가 자신의 집을 집어삼키지 못하게 맞서 싸워야 한다. 어떤 도시는 이미 모래에 완전히 파묻혔다. 미국 미시간 호수 인근을 흐르는 캘러머주 강의 제방 위에는 거대한 모래 언덕이 몇 개 있다. 한때 번창했던 싱가포르라는 수변 도시의 유일한 흔적이다. 1800년대 중반, 항구 및 조선 도시였던 싱가포르는 주변 삼림의 울창한 나무에서 수익을 창출했다. 1871년의 시카고 대화재 이후 목재 수요가 사상 유례 없는 수준까지 치솟았다. 그 결과 싱가포르의 벌목꾼들에 의해 그 지역 삼림은 완전히 초토화됐다. 비바람을 막아주던 나무가 사라지자 도시는 끊임없는 바람에 그대로 노출됐고, 모래가 거침없이 날아들었다. 결국 4년도 채 안 돼 미국의 수변 도시 싱가포르는 모래 언덕 밑으로 영원히 사라졌다.

미국에는 매년 평균 1,000차례의 토네이도가 발생하는데, 그중 상당수는 남중부 주에 있는 '토네이도 앨리Tornado Alley'에서 발생한다. 토네이도는 극도로 강력해 엄청난 피해를 야기할 수도 있지만, 예측이 불가능한데다가 종종 외딴 지역에서 발생해 제대로 기록되지 않는 토네이도도 많다. 또한 설사 목격된다 해도 측정하기가 아주 어려울 수 있다.

토네이도는 어떻게 발생하는가

토네이도는 강한 회전 상승기류를 동반하는 폭풍우인 이른바 '슈퍼셀supercell' 뇌우의 결과로 발생한다. 지상의 따뜻하고 습한 공기가 반대 방향으로 움직이는 보다 위쪽의 차고 건조한 공기와 합쳐질 때 그 슈퍼셀 뇌우 안쪽에 토네이도가 형성되는 것이다. 이처럼 바람 방향이 갑자기 바뀌는 걸 '윈드 쉬어wind shear'라 하며, 그로 인해 빙빙 도는 공기 튜브가 생겨난다. 이런 현상이 폭풍우 안에서 더 빨라지면서 깔때기 모양의 구름이 생기고, 그 구름이 수직 튜브를 타고 지상으로 내려온다. 필요한 조건이 만들어지면 토네이도는 엄청나게 많은 공기와 먼지, 쓰레기를 밀어 올리며, 그 너비가 1킬로미터 넘게 커지기도 한다. 가장 빠른 토네이도는 시속 100킬로미터가 넘는 속도로 움직이며, 토네이도 안쪽의 바람 속도는 시속 512킬로미터까지도 나오는 것으로 알려져 있다.

무거운 것을 들어 올리는 토네이도

소설 『오즈의 마법사』에서는 가상의 토네이도가 도로시의 농촌 주택과 그 안에 든 모든 걸 끌고 올라간다. 현실 속에서 토네이도가 들

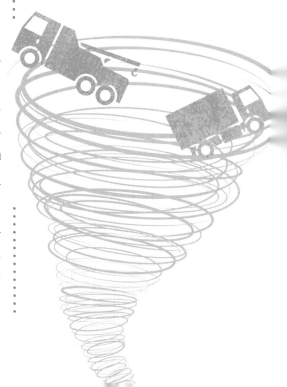

어 올릴 수 있는 무거운 물건은 주로 자동차다. 토네이도 중심부 근처의 상승기류 흡입력과 수직 속도가 이런 무거운 물건을 들어 올리는 건데, 토네이도가 1톤 넘는 승합차를 들어 올리는 모습이 여러 번 목격되었다.

1990년 미국 텍사스주 남서부에서 발생한 토네이도는 아주 탐욕스러워 기름 탱크 세 대를 생산 공장에서 동쪽 5킬로미터 지점까지 끌고 갔다. 그 기름 탱크 세 대의 무게는 총 80톤에 가까웠던 것으로 추정된다. 이것이 그간 토네이도가 옮긴 가장 무거운 물건으로 알려져 있다.

토네이도가 일으킨 참사

다행히 대부분의 토네이도 경우에는 사망자까지 나오진 않는다. 첨단 기상 경고 시스템 덕에 이제 토네이도 통과 경로에 있는 지역 주민들은 미리 피신 통지를 받기 때문이다. 미국에서 한 차례의 토네이도로 가장 많은 사망자가 발생한 건 1925년의 일로, 당시 미주리주, 인디애나주, 일리노이주에서 695명이 사망하고 2,027명이 부상을 입었다. 보다 최근에는 2011년 최악의 토네이도 중 하나가 미주리주 조플린시를 덮쳐 158명이 죽고 1,000명 이상이 다쳤다. 이 무서운 회오리바람은 풍속이 무려 시속 322킬로미터에 달했다.

멀리멀리까지

작은 물체는 토네이도 안으로 휘말려 들어간다. 그런 물체는 승용차나 트럭처럼 인상적이지 않을지는 모르나 훨씬 더 멀리까지 날아갈 수 있다. 1995년 오클라호마대학교 연구진은 각종 작은 물체가 토네이도에 의해 날아가는 패턴을 연구하기 시작했다. 5년 이상의 연구에서 그들은 소유주의 이름이 스텐실로 찍힌 볼링 재킷 등 원래 있던 곳을 알 수 있는 물체 1,000개 이상을 확보했다. 그 물체는 대개 25~30킬로미터를 날아갔는데, 가장 멀리까지 날아간 경우는 240킬로미터나 됐다.

수박색 눈은 마치 셔벗처럼 보이는데 먹어도 안전할까?

노란색 눈은 피해야 한다는 건 잘 알려져 있다. 그런데 분홍색 눈은 어떨까? 눈이 완전히 녹는 법이 없는 높은 고도의 북극에서는 여름 태양 아래서 일부 지역이 맛있는 스노콘(시럽으로 맛을 낸 셔벗의 일종) 색으로 변한다. 그러나 그건 열대 과일 시럽이 아니라 조류다.

당황하지 말라

지구상의 다른 모든 습한 표면과 마찬가지로 눈 덮인 지역에서도 60종 이상의 조류藻類가 번식한다. 그중 가장 흔한 조류는 녹은 눈 더미 속에서 발견되는 클라미도모나스 니발리스다. 이 조류는 분홍색이 아니지만, 자외선으로부터 자신을 지키기 위해 카로테노이드(자외선을 흡수하는 밝은색 색소)가 가득 든 자외선 차단제를 만들어내며, 이 때문에 조류가 붉은색이 되고 눈은 분홍색을 띤다.

늦은 봄과 여름이 되면, 비가 적게 오고 25센티미터 정도의 눈이 쌓인 양지 바른 지역은

여기저기 분홍빛으로 변한다. 이 녹조 현상은 삽시간에 번져간다. 눈 색깔이 짙을수록 빛을 덜 반사한다. 그리고 반사되는 빛의 양(알베도 albedo라고 한다)이 줄어들면, 눈은 더 빠른 속도로 녹기 시작한다. 눈이 녹으면 더 많은 지표면에 조류가 번식하게 되며, 그 결과 다시 눈 색깔이 변하면서 더 많은 눈이 녹게 된다.

위험을 각오하고 먹을 것인가

수박색 눈을 보려면 장시간 하이킹을 해야 할 것이고, 그렇게 햇빛 아래 오래 하이킹을 한 뒤 만난 수박색 눈은 더없이 좋은 먹거리처럼 느껴질 수도 있다. 대부분의 분홍색 눈은 고위도 또는 높은 고도(북극, 남극, 히말라야산맥을 생각해보라)에서 볼 수 있으며, 그러자면 오래 걸어야 하고 또 살을 에는 추위를 견뎌야 한다. 게다가 한 번 더 생각해봐야 하는 게, 이론상으로는 먹어도 안전하지만, 과학자들은 분홍색 눈을 먹으면 설사로 고통 받을 수 있다고 경고한다. 화장실이 얼마나 멀리 떨어져 있는지 생각해보면 아찔한 일이다.

초록색으로도 변한다

특이한 눈 색깔은 분홍색만은 아니다. 어떤 조류는 화학 작용을 일으켜 눈 색깔을 오렌지색이나 녹색으로도 바꾼다. 녹색으로 바꾸는 조류는 클로로모나스 브레비스피나로, 주로 햇빛이 덜 드는 고산 지역의 나무 근처에서 발견된다.

대규모의 수박색 눈 발견

주변이 분홍빛 눈으로 덮여 있을 경우 당신은 탐험대의 대학살 같은 걸 떠올릴 수도 있겠지만, 옛날 사람들의 해석은 좀 달랐다. 1818년 영국을 떠나 북극해로 간 존 로스John Ross 대령은 배핀만에서 대규모의 수박색 눈을 발견했다. 냉동고가 없던 시절에 그 녹은 눈(당시 〈타임스〉는 붉은색 포트와인 같다고 표현)은 영국으로 실려와 화학 검사를 거쳤으며, 기반암 인에 있는 운석 때문에 분홍빛을 띠게 된 것으로 결론이 났다.

정말 고양이와 개가
비처럼 떨어진 적이 있을까?

"It rains cats and dogs. (비가 억수같이 쏟아진다.)" 식으로 동물을 이용해 큰비가 오는 걸 묘사하는 영어 표현은 헨리 본Henry Vaughan의 시 〈어스크 강의 백조Olor Iscanus(1651)〉에 등장하기 오래전부터 사용돼 온 것으로 보이며, 다른 언어에도 이와 유사한 표현이 있다. 말도 안 되는 소리처럼 들릴지 모르나, 실제로 하늘에서 동물(고양이나 개는 아니지만)이 떨어졌다는 기록은 많다.

기이한 용오름 현상

용오름은 하늘에서 동물이 떨어지는 걸 설명해주는 기상 현상이다. 용오름은 소용돌이치는 공기와 물안개의 기둥으로 두 가지 유형, 즉 평온한 날씨 용오름과 토네이도식 용오름이 있다. 평온한 날씨 용오름은 거대한 호수나 바다 등의 표면에서 발달해 잘 이동하지 않는 반면, 토네이도식 용오름은 심한 뇌우와 관계가 있으며, 물 위에서 형성되지만 가끔 땅 쪽으로 이동하기도 한다. 땅에서 발달된 토네이도와 마찬가지로, 용오름은 물고기처럼 수면 가까이 사는 동물들을 끌어올릴 정

도로 강력하다. 그런 뒤에 땅 쪽으로 이동하면 비(물)와 함께 물고기가 쏟아져 내리는 현상이 나타나는 것이다.

떨어지는 물고기, 개구리, 달팽이

동물들이 용오름을 타고 세계 각지로 간다는 구체적인 증거는 없으나, 하늘에서 물고기

외 개구리, 달팽이가 쏟아졌다는 보고는 많다. 1683년 미국 노퍽의 영국 카운티에선 두꺼비 소나기가 내렸다는 기록도 있다. 1835년에는 프랑스 몽펠리에에 불리누스 트룬카테스라 불리는 연체동물 소나기가 내렸으며, 1809년에는 존 해리엇John Harriott 중위가 "비와 함께 작은 물고기가 대거 쏟아져 모든 사람을 놀라게 했다. 그 물고기 중 상당수는 남자들의 모자 위에서 펄떡였다. 하지만 그 물고기가 어디서 살았고 어떻게 하늘로 올라갔는지를 설명하려 하진 않겠다. 나는 그저 있는 사실만 적을 뿐이다"라고 인도 퐁디셰리에서 내린 물고기 비 얘기를 남겼다.

보다 최근에는 2009년 일본의 여러 도시에서 올챙이가 하늘에서 쏟아졌다는 보고가 있었다. 일부 개구리 '소나기'는 개구리의 단순한 대규모 이동일지 모른다는 설도 있지만, 용오름은 적어도 이런 기이한 현상 중 하나로 믿어진다.

하늘을 난 악어

1843년 미국 사우스캐롤라이나주 찰스턴 거리에서 악어 한 마리가 발견된 것은 용오름 현상의 결과로 설명됐다. 〈타임스 피커윤Times-Picayune〉지는 그 악어가 길이 60센티미터였다며 이렇게 적었다. "유감스럽게도 하늘에서 내려오는 걸 직접 본 사람은 없지만, 중요한 건 어쨌든 이론의 여지 없이 악어가 거기 있었다는 것이며, 달리 설명할 길이 없어 만장일치로 비와 함께 내려온 걸로 결론 났다는 것이다. 게다가 이 동물은 스스로도 놀라고 당황한 듯 보였는데, 그것만 봐도 엄청 놀라운 경험을 한 게 분명하다."

"하늘에서 물고기와 개구리, 달팽이가 떨어졌다는 기록은 많다."

눈보라는
어떻게 블리자드로 바뀔까?

모든 눈보라snowstorm가 블리자드blizzard(심한 눈보라)로 분류되는 건 아니다. 블리자드로 분류되려면 3가지 기준을 충족해야 한다. 바람 속도가 시속 56킬로미터 이상이어야 하고, 가시거리가 현저히 떨어져야 하며, 폭풍우가 적어도 3시간은 지속되어야 하는 것이다.

블리자드의 발생

앞의 3가지 기준이 충족되지 않는 폭풍은 보통 '겨울 폭풍' 또는 '폭설'로 분류된다. 블리자드에는 대개 영하의 기온이 동반되지만, 영하의 기온이 꼭 블리자드의 필요조건은 아니다. 과거에 블리자드는 기온으로도 분류됐으며, 영하 섭씨 30도 이하가 그 기준이었다. 영어 외의 언어에서 심한 눈보라 즉, 블리자드를 뜻하는 말은 여러 가지다. 러시아어의 경우 4가지로, '메뗄metel'은 바람에 날리는 눈을 뜻하고, '브유가 v'yuga'는 눈보라를 뜻하는 문학 용어이며, '부란buran'과 '푸르가purga'는 특정

시베리아의 눈보라

러시아는 세계에서 가장 혹독한 눈보라가 치는 나라다. 무서운 블리자드 '푸르가'는 보통 매년 겨울 시베리아 북부를 휘몰아친다. 이 폭풍은 이 지역 북쪽 또는 북동쪽에서 시작해 캄차카반도를 가로질러 내달린다. 그 위력이 엄청난데다 하늘이 온통 눈으로 뒤덮여 눈을 뜨거나 숨을 쉬기도 어렵고 바로 서 있기도 힘들다. 워낙 날씨가 극단적이어서, 사람들이 집에서 조금만 멀리 나서도 얼어 죽은 채 발견되기 십상이다. 시베리아 남부의 블리자드인 '부란'은 또 다른 괴물이다. 실제 기온은 조금 더 높지만 눈으로 뒤덮인 바람이 워낙 강력해 훨씬 더 춥게 느껴진다. 구 소련인들은 이처럼 강력하고 인상적인 폭풍의 이름을 따 자신들의 첫 왕복우주선에 부란이란 이름을 붙였다.

지역의 블리자드를 뜻한다.

으스스한 역사

기록으로 남은 최악의 블리자드 중 일부는 미국에서 발생했다. 1888년에 발생한 '그레이

트 블리자드'로 400명 이
상이 죽은 것인데, 당시 매사
추세츠, 코네티컷, 뉴저지, 뉴욕 주에는
높이 1.3미터에 이르는 눈이 쏟아졌다. 해안
에 몰아친 블리자드로 200여 척의 배가 파손

가장 큰 인명 피해를 낸 블리자드

블리자드는 위험한 운전 여건과 극심한 추위 때문
에 사람들의 생명에 심각한 위협을 가하며 일단
몰아칠 경우 거의 늘 사망자가 발생한다. 기록으로
남은 최고의 인명 피해를 낸 블리자드는 1972년 이
란에서 발생해 6일간 지속됐다. 여러 마을이 완전
히 눈에 파묻혔으며, 시련이 끝난 뒤 4,000명이 목
숨을 잃은 걸로 추산됐다.

됐다. 1975년에 발생한 '슈퍼볼
블리자드'는 사망자 수는 58명으로
훨씬 적었지만, 미드웨스트 지역에 몰아친 심
한 눈보라로 그해에 10만 마리의 가축이 죽
었다. 1993년에 발생한 한 블리자드는 '세기
의 폭풍'이란 별명을 얻었는데, 가축 300마
리가 죽는 등 미국 북동부 지역 주민들이 느
낀 파괴력이 워낙 컸기 때문이다. 이 지역에
발생하는 블리자드는 '노이스터nor'easter(북동
풍)'라 불린다.

비에서는 왜 좋은 냄새가 날까?

비가 온 뒤에 나는 냄새만큼 좋은 냄새는 없다. 향수나 방향제로 그 냄새를 잡아보려 하지만, 실제 비 냄새를 대체할 만한 냄새는 없다. 비 냄새는 '페트리코petrichor'라 하는데, 이는 1964년 비에서 좋은 냄새가 나는 이유를 알아내기 위한 연구에 착수한 두 호주 과학자가 만든 이름이다.

비 같은 냄새

두 과학자는 대지가 건조할 때 일부 식물에서 분비되는 기름이 합쳐지면서 비 냄새가 만들어진다는 걸 알아냈다. 비가 오면 그 기름이 공기 중으로 방출돼 독특한 비 냄새를 만들어내는 다른 물질과 합쳐진다는 것이다. 그 물질 중 하나인 지오스민geosmin은 흙 속의 세균에 의해 만들어진다. 비가 땅에 떨어지면 그 세균 포자가 지오스민과 함께 공기 중으로 튀어나오면서 경이로운 비 냄새가 나는 것이다.

인류학적 관점에서 보면

인간이 비 냄새를 그토록 좋아하게 된 긴 진화의 산물일 수도 있다. 일부 연구 결과에 따르면, 인간의 코는 아주 옅은 지오스민 냄새도 맡을 수 있다고 한다. 호주 토착민 피찬차차라 족을 연구한 과학자들은 그들에게 비 냄새와 초록색은 밀접한 관련이 있다는 걸 알게 됐다. 냄새와 색이라는 두 감각의 결합은 아주 건조한 그 지역 주민들 사이에서 우기의 첫 비와 그 직후 자라는 식물 간에는 뿌리 깊은 연관이 있다는 걸 보여준다.

뇌우의 전조

뇌우가 치기 전에 공기 중에 염소 냄새가 나는 경우가 있는데, 이는 번개가 대기 중의 산소와 질소 분자를 분리시키면서 나타나는 현상이다. 두 원소는 산화질소를 이루고, 다시 대기 중의 다른 화학물질과 충돌해 오존이 만들어진다. 오존은 먼 거리까지 가며, 그래서 실제 폭풍우가 다가오는 냄새를 맡게 되는 것이다.

눈송이는 다 다르게 생겼다는데 정말일까?

1885년 미국 버몬트주 예리코에서 눈송이 사진을 찍기 시작한 윌슨 벤틀리Wilson Bentley는 그 어떤 눈송이도 같은 모양으로 태어나지 않는 것 같다는 생각을 했다. 그의 사진은 현미경으로 본 상태 그대로 찍을 때 눈송이의 패턴이 서로 어떻게 다른지를 보여주었다. 그러나 그건 1세기도 더 전의 일이고, 어쩌면 지금은 같은 모양의 눈송이를 찾은 사람이 있을지도 모른다.

눈에 보이는 게 다가 아니다

눈송이, 보다 정확히 말해 눈 결정체는 구름 속 수증기가 식으면서 액체화되지 않고 현미경으로나 볼 수 있는 작은 먼지 입자를 중심으로 고체화되면서 생겨난다. 이 결정체는 모두 조그만 6각형 접시 모양으로 출발하며, 보다 많은 물 분자가 자리 잡을 수 있게 6개의 '팔'이 생겨난다. 그리고 이 결정체가 땅에 떨어지면서 습도와 온도 변화 때문에 독특한 모양을 취하게 된다.

좀 더 자세히 들여다보면

이론상 자연 상태에서 두 눈송이가 똑같은 조건에 노출될 경우 똑같은 모습을 띨 수도 있다(실제로 그럴 가능성은 없지만). 그러나 분자 차원에서는 완전히 똑같은 모습을 띨 수 없다. 물 분자는 수소 원자 2개와 산소 원자 1개로 이루어져 있지만, 모든 수소 원자가 똑같은 건 아니다. 대부분의 수소 원자는 양성자 1개와 전자 1개로 이루어져 있지만, 백만 개 중 몇 백 개 속에는 중성자도 들어 있다. 이런 수소 동위원소를 중수소라 한다. 수백 만 개의 물 분자가 눈송이를 이루고, 그 3,000개 중 하나 속에는 수소 대신 중수소가 들어 있다. 결국 눈송이 조직 내에는 이렇게 방대한 수의 분자가 다양한 위치에 자리 잡고 있기 때문에, 완전히 같은 두 눈송이란 있을 수 없다.

모든 태풍은 태평양에서 발생한다는데
그 이유는 무엇일까?

태풍은 초속 17미터 이상의 바람을 동반하는 열대 폭풍이다. 대서양에서는 태풍을 발견할 수 없는데, 그건 열대 폭풍의 바람 속도가 그 정도일 경우 '허리케인'이라 부르기 때문이다. '태풍'이란 말은 북태평양 서부에 부는 거센 열대성 폭풍을 가리킨다.

폭풍의 눈

태풍과 허리케인은 둘 다 거센 열대성 사이클론, 즉 바다에서 시작해 순환되는 폭풍 전선이다. 사이클론의 중심에는 눈이 있으며, 그 지역을 중심으로 폭풍이 회전한다. 이 폭풍의 눈은 그 직경이 20킬로미터에서 50킬로미터에 이른다. 폭풍의 눈 안쪽은 하늘이 맑고 바람도 덜 강해서 대개 가장 고요한데, 그건 강력한 바람이 눈 벽 주변을 에워싸기만 할 뿐 눈 안으로 들어가진 않기 때문이다.

바다로부터 왔다

1780년은 카리브해 지역에 대형 허리케인이 특히 많이 몰아친 해이지만, 그중 최악의 허리케인은 10월 10일과 11일에 발생한 '그레이트 허리케인'이다. 이 허리케인은 역사상 가장 많은 사망자를 낸 열대 폭풍 중 하나로, 당시 2만 2,000명이 목숨을 잃은 것으로 추산되며, 그 후유증으로 일어난 기근으로 또다시 수천 명이 목숨을 잃었다. 허리케인이 다가오고 있다는 경고는 거의 없어 바베이도스 주민들

은 아무런 대비 없이 폭풍에 맞닥뜨렸고, 그래서 수많은 집이 날아가고 배가 뒤집혔으며 사탕수수밭도 초토화됐다. 폭풍의 분노가 휩쓸고 간 섬은 바베이도스뿐이 아니어서 카리브해 동부 지역 대부분이 폐허가 되었다.

허리케인의 이름에 담긴 의미

19세기의 영국 기상학자 클레멘트 래기 Clement Wragge는 호주에서 일하면서 처음엔 그리스 문자를 이용해 그 다음엔 그리스 신화 등장인물 이름을 이용해 지역 폭풍을 추적 관찰하는 시스템을 고안해냈다. 그 이름이 다 떨어지자 래기는 최악의 폭풍에 자신이 싫어하는 정치가의 이름을 붙였다.

제2차 세계대전 중 기상학자들은 태평양 폭풍에 자기 아내와 여자 친구의 이름을 붙이기 시작했다. 1950년대에 들어 2년간 미국 폭풍은 음성 문자로 명명됐으나, 이는 1953년에 여성의 이름으로 대체됐다. 이 방식은 여성들의 항의에도 불구하고 북태평양 동부 폭풍의 경우 1978년까지, 대서양 폭풍의 경우 1979년까지 지속됐으며, 이후 그 명단에 남성의 이름이 추가됐다. 현재는 26개(영어 알파벳 하나당 하나씩)의 이름이 든 명단 6개가 6년 주기로 사용된다. 어떤 폭풍이 큰 피해나 인명 손실을 입힌 경우 대개 그 이름은 다른 걸로 대체된다.

스톰 베이비

2010년에 〈인구경제학 저널〉에는 대서양과 미국의 멕시코만 지역에 영향을 준 열대 폭풍과 관련된 출산율 연구가 실렸다. 그 연구 결과 폭풍이 치는 동안에는 사람들이 집 안에만 있어 출산율에도 변화가 온다는 사실이 밝혀졌다. 폭풍 '주의보'가 발령돼 열대 폭풍이 36시간 이내에 올 수 있을 경우, 9개월 후 출산율은 2퍼센트가 늘었다. 그러나 폭풍 '경고'가 발령돼 24시간 여유밖에 없을 경우에는 반대로 2퍼센트가 줄었다.

스위스인은 평화를 사랑하는 국민으로 유명하다. 그러나 매년 4월 셋째 월요일은 예외다. 이 날은 사람들이 거리에 나와 솜으로 만든 눈사람이 취리히 시내를 행진하는 걸 지켜보는 날이다. 그러나 이 화려한 행사에 속지 말라. 그 눈사람은 곧 폭발음 속에 최후를 맞게 된다.

겨울의 끝을 알리는 축제

19세기부터 스위스인은 겨울이 끝나는 걸 기리기 위해 '젝세로이텐Secheläuten('6시 종이 울림'이라는 뜻)' 축제를 즐겼다. 속에 다이너마이트가 잔뜩 든 천으로 된 3미터 높이의 눈사람 인형 '뵈크Böögg'의 시가행진도 그 축제의 일부다.

정해진 코스를 행진한 뒤 뵈크는 모닥불 위에 놓여진다. 그리고 취리히 그로스뮌스터 성당의 종이 저녁 6시를 알리면, 그 모닥불에 불이 붙여지고 바로 눈사람이 폭발한다. 뵈크가 폭발하는 데 걸리는 시간이 길수록 봄이 오는 시간 역시 길어진다고 한다.

오늘날과 같은 축제는 1904년 이후 매년 있었으나, 제2차 세계대전 당시에는 녹지 공간이 전부 감자 심는 데 쓰여 모닥불을 피울 공간이 없어 몇 년간 축제가 열리지 못했다.

예술가들이 만든 눈사람

눈사람은 중세 이전부터 만들어졌는데, 가끔 유명한 예술가들이 귀족들을 위해 만들기도 했다. 미켈란젤로는 겨우 19살밖에 안 되었을 때 플로렌스의 통치자로부터 자신의 집 마당에 눈사람을 만들어달라는 부탁을 받았다고 한다.

날씨와 기후

세상의 기이한 날씨에 대해 얼마나 많은 걸 배웠나?
초간단 스피드 퀴즈로 테스트해 보자.

Questions

1. '일란성 쌍둥이' 눈송이는 분자 차원에서도 똑같다. 맞는가 틀리는가?

2. 스위스인의 눈사람 '뵈크' 폭파 행사에서 뵈크가 폭발하는 데 걸리는 시간은 어떤 의미가 있는가?

3. 무엇이 눈을 분홍색으로 변하게 하는가? 그리고 그 눈은 먹어도 되는가?

4. 포그와 미스트 중 어떤 형태의 층운이 가시성을 더 떨어뜨리는가?

5. 블리자드를 뜻하는 다른 이름 하나를 대보라.

6. '페트리코'는 비가 올 때 방출되는 오일이 합쳐져서 나는 독특한 냄새다. 맞는가 틀리는가?

7. 모래 언덕은 진행 방향에 식물이 많을 경우 더 빨리 움직이는가 더 늦게 움직이는가?

8. 하늘에서 떨어지는 용오름의 예를 한 가지 이상 대보라.

9. 벤자민 프랭클린은 번개 실험을 통해 그게 일종의 마법이라는 걸 입증하려 했다. 맞는가 틀리는가?

10. 태풍은 태평양에서 발생하는데, 대서양에서 발생하는 강력한 열대성 사이클론은 무어라 부르는가?

Answers

정답은 246페이지에서 확인하세요!

인간이 살 수 있는
가장 높은 곳은 어디일까?

어떻게 하면 버뮤다 삼각지에
갈 수 있을까?

'버뮤다 삼각지Bermuda Triangle' 또는 '악마의 삼각지Devil's Triangle'는 버뮤다 제도에서 푸에르토리코 산후안 그리고 미국 플로리다주 마이애미 사이의 약 130만 제곱킬로미터에 걸쳐 있다. 버뮤다 삼각지라는 말은 불가사의한 실종 사건과 설명하기 힘든 현상이 자꾸 일어나 이 지역이 음모 이론의 논란에 휩싸이면서 1964년 한 잡지 기사에서 나온 말이다.

미국 연안 경비대의 공식 입장

어떤 의미에서 버뮤다 삼각지에 도달할 방법은 없다. 실제로 존재하는 삼각지가 아니기 때문이다. 미국 지명국은 버뮤다 삼각지를 공식적인 지명으로 인정하지 않고 있으며, 이 지역에 대한 파일도 보관하고 있지 않다. 또한 버뮤다 삼각지의 경계를 보여주는 공식적인 지도도 없다. 이 악명 높은 삼각지에 신경 쓰는 이들이 있다면 그건 미 해군과 미 연안 경비대일 텐데, 두 기관 모두 이 지역에 초자연적인 힘 같은 건 존재하지 않는다고 주장하고 있다. 그리고 아직 다른 지역에 비해 이 지역에서 유난히 많은 실종 사고가 일어난다는 뚜렷한 증거도 없다. 미 연안 경비대의 공식 입장은 이렇다. "이 지역에서 여러 해 동안 일어난 항공기 및 선박 실종 사건을 검토해봤지만, 물리적인 이유 외에 다른 어떤 힘이 작용한 결과라고 믿을 만한 증거는 발견되지 않았다. 특이사항은 전혀 없었다."

가고, 가고, 사라지고

수년간 일어난 불가사의한 실종 사건 때문에 버뮤다 삼각지를 둘러싸고 온갖 얘기가 다 나

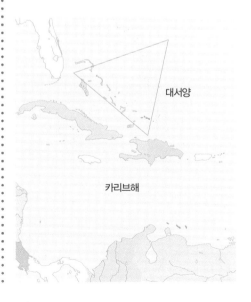

돌았지만, 그 대부분이 아직 현대적인 일기예보나 커뮤니케이션 시스템이 나오기 전에 일어난 일이다. 1920년에는 캐롤 A. 디어링 Carroll A. Deering 호에 타고 있던 선원 11명이 실종됐다. 이 배는 후에 미국 노스캐롤라이나 주 해안에서 발견됐는데, 선원들의 흔적은 어디에도 없었다. 그다음 1945년에는 미 해군 비행기 5대가 플로리다주 포트로더데일에서 이륙한 뒤 영영 소식이 끊겼다. 또 1948년에는 마이애미 해안에서 로버트 링퀴스트Robert Lindquist 대위와 그의 비행기가 사라졌다.

버뮤다 삼각지에 대한 음모 이론
이 지역에서는 거의 모든 대서양 열대성 폭풍이 일어, 현대적인 일기예보 기술이 나오기 전까지만 해도 대부분의 선박과 항공기가 극도로 위험한 상태에 빠지곤 했다. 특히 이 지역에는 멕시코 만류가 흘러 날씨가 예측 불가인데다가, 많은 섬으로 인해 바다가 얕아 큰 배가 항해하는 데는 어려움이 있다.
캐롤 A. 디어링 호 선원들의 실종과 다른 많은 선박 및 비행기의 실종으로 인해, 온갖 음모론이 생겨났다. 어떤 이들은 외계인이 이 지역에 서 인간을 납치해가고 있다고 믿고 있고, 또 어떤 이는 소용돌이 같은 게 실종된 선원들을 다른 차원의 세계로 끌어들인다고 믿고 있다. 이곳에 묻혀 있다고 믿어지는 잃어버린 도시 아틀란티스로부터 나오는 에너지가 그 위를 지나는 배와 비행기를 좌지우지한다는 이론도 있다. 그러나 보다 현실적인 사람들은 이 모든 미스터리가 과학으로 설명될 수 있는 일이라고 생각한다.

대서양

카리브해

인간은 지구 중심에
얼마나 가까이 갈 수 있을까?

지구 중심은 그리 쾌적한 곳이 못 된다. 지구 표면에서 약 6,370킬로미터 아래쪽은 압력이 360만 기압으로, 머리 위에 코끼리 4만 7,700마리가 앉아 있는 꼴이다. 그러니 우리가 지하 탐사에 관한 한 아직 그야말로 수박 겉핥기 상태인 것도 무리가 아닌 것이다.

태양 광구만큼이나 뜨거운

지구는 많은 층으로 이루어져 있고, 중심으로 갈수록 더 뜨거워진다. 지각이라고 알려진 바깥쪽 층은 그 깊이가 약 50킬로미터이며, 지구 중심으로 1킬로미터 들어갈 때마다 온도가 25도씩 올라간다. 그 깊이를 다른 것과 비교하자면, 그랜드 캐니언 계곡의 평균 깊이나 러시아 바이칼호의 깊이가 1.6킬로미터다. 그 지각 밑에는 부분적으로 녹아 있는 바위로 된 상부 맨틀이 있는데, 그 기온이 섭씨 650도에서 1,200도 사이인 걸로 알려져 있다. 맨틀과 외핵 밑에는 내핵이 있는데, 과학자들은 이곳 온도를 태양 광구의 온도와 맞먹는 섭씨 5,700도로 예측하고 있다.

현재의 드릴로는 꿈도 못 꾸는

이 같은 극도의 고온 때문에 우리는 사실 지각 안으로 거의 들어가 보지도 못했다. 지각 안으로 들어가는 확실한 방법은 드릴로 뚫는 거지만, 가뜩이나 기온 높은데다 드릴 날로 바위를 뚫는 과정에서 마찰열까지 생겨 기존의 드릴 날 제조 물질은 쓸모가 없다. 인간이 드릴로 뚫은 가장 깊은 인공 구멍은 러시아의 콜라 초심도 시추공이다. 엔지니어들이 1970년부터 19년간 뚫은 구멍으로, 지표면 아래쪽 12.3킬로미터까지 파고 들어갔으나, 그래도 지각 두께의 4분의 1도 안 된다. 그리고 기술적으로 볼 때, 현재의 기계로는 이 이상은 무리다. 두 번째 깊이 파고 들어간 구멍은 남아프리카공화국의 음포텡 금광으로, 광부들이 지표면 아래쪽 3.9킬로미터까지 드나들고 있다. 세계에서 가장 깊은 광산 중 8개가 남아프리카공화국에 있다.

2015년 한 탐사팀이 드릴을 이용해 인도양의 심해에서 지구 맨틀까지 파 내려가는 시도를 했다. 그간 몇 번 실패한 시도였다. 그들은 지각과 맨틀이 만나는 일명 '모호 경계Moho border'까지 뚫어 지각-맨틀 교차면 아래에서 마그마가 서서히 식으면서 생긴 반려암을 추출할 계획이었다. 그러나 JOIDES 레졸루션호의 연구진 등은 바다에서 거의 두 달을 보낸 뒤 애초 계획한 1,300미터짜리 구멍에서 511미터를 남겨둔 채 육지로 철수해야 했다.

바다 밑바닥까지의 여행

가장 깊은 인공 구멍만큼이나 지구 중심에 가까운 것이 바다에서 가장 깊은 곳이다. 그것은 태평양 마리아나 해구 바닥에 있는 챌린저 해연으로, 현재까지 이곳에 가본 사람은 달에 다녀온 사람보다 적다. 2012년 영화 제작자 제임스 카메론James Cameron은 심해 챌린저Deepsea Challenger라는 잠수함을 타고 깊이가 1만 1,000미터에 이르는 이 동굴 바닥까지 내려간 세 번째 인간이 되었다. 당시 그는 바다 밑바닥에서 3시간을 탐사하면서 이곳을 '그야말로 사막의 불모지대 같은 곳'이라고 표현했다.

"지구 표면에서
약 6,370킬로미터 아래쪽은
압력이 360만 기압으로,
머리 위에 코끼리 4만 7,700마리가
앉아 있는 꼴이다."

지구의 어떤 지점이
우주에 제일 가까울까?

에베레스트산 정상은 지구에서 가장 높은 산 정상이지만, 당신이 만일 우주에 좀 더 가까이 가고 싶다면 다른 산 정상도 많다. 그중 하나가 에콰도르의 침보라소산이다.

가장 높은 산 정상은 어디일까

에베레스트산은 전통적으로 산의 높이를 해발 기준으로 비교하기 때문에 세계 최고봉이다. 침보라소산이 해발 6.2킬로미터인데 반해, 에베레스트산은 무려 8.8킬로미터에 이른다. 그러나 산 높이를 지구 중심에서부터 잰다면 안데스산맥의 휴화산인 침보라소산이 세계 최고봉이다. 이런 기준에서 보면 침보라소산 정상은 6.4킬로미터로, 에베레스트산보다 지구 중심으로부터 2킬로 더 멀다.

에베레스트산보다 높지만 더 쉽다

그럼 왜 이런 차이가 생기는 걸까? 모든 건 지구의 모양과 관련이 있다. 지구는 완전한 구가 아니다. 적도 국가가 위치한 중심부가 조금 튀어나와 있다. 에베레스트산은 구가 납작 들어간 북극에 가까운 북위 28도 지점에 있다. 지구의 반지름은 적도에서 약 20킬로미터로, 에콰도르나 케냐 같은 국가의 산 정상이 다른 라이벌 산보다 우주 속으로 더 튀어나가 있어, 침보라소산 정상이 별에 가장 가깝다.

세상에서 가장 높은 데 오르고 싶은 사람이라면 군이 에베레스트산에 오르기 위해 여러 주 동안 산을 타고 날씨 적응 훈련을 하는 등 요란 떨 필요가 없다. 침보라소산을 택하면 날씨 적응 훈련 후 하루 이틀 산을 타고도 훨씬 쉽게 그 소원을 이룰 수 있는 것이다.

라스베이거스는 왜
'업 앤 애텀' 시티라 불렸을까?

미국 라스베이거스 북쪽 105킬로미터 지점에 있는 네바다 실험 지역에서는 1951년부터 1992년 사이에 지하와 대기권에서 수백 차례의 핵실험이 실시됐다. 1950년대와 1960년대에는 라스베이거스 스트립 지역의 카지노와 호텔에서 버섯구름이 다 보여, 그림엽서에 자랑스레 '업 앤 애텀 시티 Up and Atom City'라는 문구가 들어가곤 했다.

방사능 문제에 대한 대대적인 사기극

그 이전에 미군은 핵무기와 그것이 미국 전함에 미치는 영향을 실험하기 위해 태평양 지역을 활용했지만, 그 지역은 미국 본토에서 7,400킬로미터 이상 떨어져 있는데다 4만 2,000 병력의 도움이 필요했다. 냉전의 압박감이 커지면서, 보다 가까운 장소가 절실히 요구됐다. 그리고 예측 가능한 날씨, 산악 지형, 희박한 인구, 일반인 접근 곤란 등의 요인 덕에 면적 3,561제곱킬로미터의 네바다 지역이 적지로 결정됐다.

라스베이거스가 정부에서 세운 200킬로미터 반경 안전 지침 안쪽에 위치함에도 불구하고 방사성 낙진으로 인한 주민들의 건강 문제에는 별 신경을 쓰지 않았다. 1955년에 나온 한 안내 책자를 보면, 방사능 수치가 '어디에 살든 매일 쐬게 되는 일반적인 방사능 수치보다 조금 더 높다'며 주민들을 안심시키고 있다.

실험을 위한 가짜 신흥도시

928회의 핵실험은 핵폭탄이 서로 다른 무기에서 어떻게 작동되는지를 보기 위한 전략적 목적이 있었다. 핵전쟁이 미국인의 삶에 어떤 영향을 미치는지를 보기 위한 실험도 있었다. 그래서 실험 지역 내에 주택과 다른 기간 건물을 지어놓은 뒤 핵폭발의 영향을 면밀히 연구했다. '생존 타운Survival Town'으로 알려진 이 가짜 주택에는 마네킹 가족과 일상 용품이 있었고 통조림 식품까지 구비돼 있었다.

211

아마존강에는
얼마나 많은 물이 흐를까?

아마존강은 나일강과 함께 어떤 강이 세계에서 가장 긴 강이냐를 놓고 논란이 있지만, 수량에 관한 한 그 입지에 흔들림이 없다. 남미의 이 거대한 강은 초당 평균 물 배출량이 무려 21만 9,000세제곱미터나 돼 압도적 1위인 것이다.

어마어마한 수량의 거친 강

알기 쉽게 얘기하자면, 아마존 어귀에서 매일 초당 올림픽 규격의 수영장 90개 분량의 물이 쏟아져 나오는 셈인데, 이는 전 세계 모든 강물 배출량의 6분의 1에 해당하는 수량이다.

이 강은 브라질 동쪽에서 대서양과 만나는데, 그곳의 삼각주는 폭이 322킬로미터로 대략 스위스만 한 세계 최대의 담수 섬 마라조 섬을 이룬다.

엄청난 비 그리고 엄청난 강물

그 많은 물은 어디서 오는 걸까? 지류가 약 1,100개나 되는 아마존강에는 총길이 6,600킬로미터 이상에 면적 700만 제곱킬로미터나 되는 물이 들어차 있다. 인도의 면적이 340만 제곱킬로미터밖에 안 된다는 걸 떠올려 보라. 이처럼 강물이 엄청난 것은 거대한 아마존 유

역에 쏟아지는 폭우(장소에 따라 매년 150~300센티미터) 때문이다. 그리고 그 폭우는 대서양에서 불어오는 무역풍과 아마존 생태계를 이루는 무성한 식물 때문이다. 물은 그 식물에 의해 땅속으로 흡수되거나 증발해 다시 비로 쏟아진다. 그리고 날씨가 변하면 강도 변한다. 건기에는 폭이 2~3킬로미터 정도 되던 지역이 우기에는 50킬로미터에 달하게 되고, 강물의 속도도 시속 7킬로미터에 달하게 된다.

안데스산맥 형성 이후 길을 바꾼 강

이 웅대한 강은 페루의 안데스산맥에서 발원해 동쪽으로 흐른다. 그러나 수원은 강이 끝나는 곳에서 193킬로미터밖에 안 된다. 수백만 년 전에 아마존강은 태평양으로 빠져나갔으나, 약 6,500만 년 전 남미와 나스카 지질 구조판의 충돌로 안데스산맥이 생겨났다. 결국 이 산맥이 강의 흐름을 막아 담수호가 생겨났고 점차 강의 흐름까지 뒤바뀌었다. 아마존강은 약 1,000만 년 전에 대서양 쪽으로 흐르게 된 걸로 추정된다.

상상을 초월하는 물고기들

이 엄청난 물을 감안하면, 아마존에 놀랄 만큼 많은 생명이 살고 있는 건 당연하다. 이 강에는 현재 대서양의 물고기 종보다 더 많은 2,500종 이상의 물고기가 살고 있는 걸로 추산되는데, 일부 전문가들은 그보다 훨씬 많을 것이라고 말한다. 이 지역은 정말 생물이 다양해, 무게 90킬로그램이 넘는 메기도 있고 길이 5미터인 아르파이마도 있으며 강에서 소변을 보는 사람의 요도를 타고 들어가는 걸로 알려진 아주 작은 물고기인 흡혈메기도 있다. 그리고 그리 놀랄 일도 아니지만, 보통 바닷물 서식지에 살다가 강에도 잘 적응하는 황소상어가 바다로부터 4,000킬로미터나 떨어진 강 상류에서 발견되기도 한다.

남극 대륙에도 주인이 있을까?

1959년 12월 1일 12개 국가가 모여 남극 조약을 맺었는데, 그 내용은 다음과 같다.

"모든 당사자는 남극 대륙이 영원히 평화적인 목적을 위해서만 사용되어야 하며, 국제적인 불화의 현장이나 대상이 되어선 안 된다는 게 전 인류의 관심사라는 걸 인정한다."

누구도 가질 수 없는 땅

조약에 서명한 12개 국가는 1957년부터 1958년 사이에 남극 대륙에서 자국 과학자들이 활동을 한 국가로, 그중 아르헨티나, 호주, 칠레, 프랑스, 뉴질랜드, 노르웨이, 영국 이렇게 7개 국가가 현재 남극 대륙 일부에 대한 소유권을 갖고 있다. 남극 조약은 그 누구한테도 남극 대륙에 대한 소유권이 없다고 규정하고 있지만, 실제로는 그 7개 국가의 소유권을 보호해주고 있으며 더 이상의 소유권 주장을 막고 있다. 남극 대륙이라는 거대한 지역은 조약 당시 소유권이 인정되지 않았고, 현재까지도 지구에서 가장 거대한 무소유 영토로 남아 있다.

남극 대륙에 묻혀 있는 잠재력

원래 남극 조약에는 12개 국가가 서명했지만, 그간 다른 41개 국가도 서명했다. 그 국가는 현재 남극 대륙에서 군대 주둔 없이 평화적으로 서로 협력하고 있으며 거기서 얻은 과학적 연구 결과를 다른 국가와 공유하고 있다. 핵무기 폭발이나 채굴은 허용되지 않는다. 상당량의 석유가 매장되어 있고 전 세계 담수 공급의 70퍼센트를 차지하는 등 남극 대륙은 그 잠재력이 상당하다.

인간이 살 수 있는
가장 높은 곳은 어디일까?

인간이 영구 거주할 수 있는 최대 고도는 보통 5,200미터로 알려져 있다. 이 고도를 넘어서면 삶 자체가 투쟁이 된다. 고도 2,500미터부터 찾아오는 고산병은 산소 결핍(세포를 손상시킨다)을 야기하며 폐와 뇌에 체액을 증가시켜 목숨을 위협할 수 있다.

목숨을 담보로 금을 찾아 오르다

세계에서 가장 높은 도시는 페루의 안데스산맥 내 에나네아 산 측면에 위치해 있다. 인구가 약 5만 명인 이 도시 라 링코나다는 높이가 5,100미터인 거대한 빙하 옆에 있다. 이 도시는 편의 시설도 없고 기온도 거의 1년 내내 영하지만, 위험한 길을 따라 여러 날 걸어가야 하는 데 있는 금광 덕에 최근 몇 년 사이에 인구가 급증했다. 이곳 금광은 대개 불법적으로 운영되고 있는데, 광부들은 '카초레오'라고 알려진 옛날 방식으로 급여를 받는다. 그러니까 30일간 무보수로 일하고 매달 마지막 날 자신이 발견한 금을 가질 수 있는 것이다. 이들은 매일 위험한 근무 여건 속에서 많은 양의 수은과 시안화물에 노출된 채 살아간다.

인간의 적응력은 어디까지인가

연구에 따르면, 히말라야의 셰르파들처럼 상당 기간 이처럼 높은 고도에서 사는 사람들은 심장과 폐가 강해지고 체격이 다부져지는 등 극한 상황에서 살아갈 수 있게 유전적 적응을 한다고 한다. 그러나 라 링코나다 주민들의 경우 작물을 재배하거나 가축을 키우는 게 불가능해, 설사 몸이 적응한다 해도 높은 데서 오래 살고 싶어 할 것 같지는 않다.

런던 브리지는
어떻게 애리조나까지 오게 됐을까?

레이크 하바수 시티는 미국 애리조나주에 있으며, 강을 따라 건설된 많은 댐 중 하나 때문에 만들어진 하바수 호수 내의 작은 섬과 연결되어 있다. 그리고 이 시와 섬을 연결하는 특이한 모양의 다리가 바로 1968년 영국에서 배로 옮겨온 런던 브리지다.

관광 명소를 만들기 위한 설계

레이크 하바수 시티는 현재 주민이 5만이 넘지만, 늘 그랬던 건 아니다. 1960년대에 이곳 인구는 4,000명도 안 됐고, 방문할 데도 없는 무미건조한 벽지로 여겨졌다. 이 도시 설립자인 미주리주 출신의 기업가 로버트 맥컬로히 Robert McCulloch는 관광 메카를 만들겠다는 생각으로 호수 옆에 수천 에이커의 땅을 구입했으나, 사람들을 끌어들이는 데 애를 먹었다. 그러던 어느날 런던 시가 130년된 런던 브리지를 판매한다는 소식을 들은 그는 그게 이 신생 도시에 사람들을 끌어들일 촉매제가 되리라는 걸 직감했다.

런던 브리지를 팔아봅시다

1960년대에 맥컬로히의 관심을 끈 런던 브리지는 1176년 영국 헨리 2세의 지시로 건설된 중세 시대의 그 런던 브리지가 아니었다. 그 다리는 템스강의 북쪽과 남쪽 제방을 연결하는 최초의 영구적인 석조 다리였다. 애리조나주 사막으로 옮겨진 화강암 다리는 그로부터 약 600년 후인 1831년에 교체된 다리였다. 존 레니 John Rennie가 설계하고 그의 아들이 완공한 이 다리는 길이가 300미터가 넘었고, 제2차 세계대전 당시 런던 공습에도 살아남았다.

그러나 20세기 들어와 많은 차량에 짓눌리면서 런던 브리지는 8년에 2.5센티미터씩 주저앉았다. 결국 런던 시는 보다 넓은 자동차 전용 다리로 교체하기로 했고, 한 시의원이 다리를 팔자는 기발한 아이디어를 내지 않았다면 아마 폐기물로 처리됐을 것이다.

"존 레니가 설계하고
그의 아들이 완공한 이 다리는
길이가 300미터가 넘었고,
제2차 세계대전 당시
런던 공습에도 살아남았다."

어디로도 이어지지 않는 다리

낙천적인 시의원 이반 러킨Ivan Luckin은 런던 브리지를 역사적인 유적이라며 선전을 했다. 그리고 많은 사람들이 영국에서 그걸 사온다는 건 말도 안 되는 얘기라고 생각했지만, 런던 브리지는 그야말로 맥컬로히가 찾던 것이었다. 246만 달러에 계약이 성사됐고, 그 다음엔 그 거대한 골동품을 해체해 8,000킬로미터 넘게 떨어진 데로 옮겨 재조립하는 엄청난 일이 시작됐다. 그 다리는 호수를 가로지를 만큼 길지 않았지만, 맥컬로히는 당혹스러워 하지 않았다. 다리는 육지 위에서 조립돼 주요 호숫가와 반도를 연결했다. 공사가 거의 끝나갈 때 육지의 연결 부위로 수로를 뚫어 섬이 하나 만들어졌다. 공사 완공까지 3년이 걸렸고 비용이 700만 달러나 들었지만, 기대한 효과가 나와 인구가 늘기 시작했고 완공된 지 3년 만에 레이크 하바수 시티 주민은 약 만 명을 헤아리게 됐다.

해안선이 없는 바다가
있을 수 있을까?

사르가소해는 북대서양 안에 들어 있으며, 육지와의 경계가 없는 유일한 바다로 꼽힌다. 길이 약 1,600킬로미터에 너비 5,000킬로미터로, 이는 자신을 품고 있는 대양의 약 3분의 2에 해당된다.

해류로 둘러싸인 바다

대개 바다는 대양의 주변에서 시작되고 부분적으로 육지에 둘러싸여 있지만, 사르가소해는 예외여서 주변에 육지가 없어 해류로 그 경계가 결정된다. 북쪽, 동쪽, 남쪽, 서쪽 경계가 각각 북대서양 해류, 카나리 해류, 북대서양 적도 해류, 멕시코만류로 결정되는 것이다. 이 강력한 해류가 사르가소해를 품고 있지만, 그 안쪽 해류는 잘 움직이지 않으며 기온도 주변 대양에 비해 아주 따뜻하다.

수면 위에 서식하는 특별한 해초

사르가소해라는 이름은 이곳 수면에서 자라는 거대하고 빽빽한 사르가소 해초 더미에서 온 것이다. 자유롭게 떠다니는 이 조류는 해저가 아닌 수면 위에서 번성한다는 점에서 다른 해초와는 다르다. 그래서 이 해초 바다는 다양한 종의 물고기 서식지이며, 혹등고래와 참다랑어 같이 잠시 머물다 가는 이주 동물들에게 좋은 식량 공급원 역할을 하기도 한다. 크리스토퍼 콜럼버스Christopher Columbus는 떠다니는 이 거대한 사르가소 해초 더미를 보고 육지가 가깝다고 착각했던 것 같다. 실은 아메리카 대륙 해안으로부터 아직 몇 백 킬로미터나 떨어져 있었는데 말이다.

지리

GEOGRAPHY

세계 지리에 관한 10개의 스피드 퀴즈가 준비되어 있다.
이 퀴즈를 풀어 당신이 세계를 얼마나 잘 알고 있나 확인해 보라.

Questions

1. 북극 대륙과 남극 대륙 중 지구에서 가장 거대한 무소유 영토는 어디인가?

2. 사르가소해의 경계는 해류로 결정된다. 맞는가 틀리는가?

3. 세계에서 가장 높은 도시는 페루, 폴란드, 포르투갈 중 어떤 나라에 있는가?

4. '타이타닉Titanic'과 '아바타Avatar' 같은 블록버스터급 영화로 유명한 어떤 영화감독이 마리아나 해구의 바닥까지 가 보았는가?

5. 세계에서 가장 큰 담수 섬인 마라조는 나일강과 템스강, 아마존강 중 어떤 강의 어귀에 위치해 있나?

6. 에베레스트산은 지구에서 가장 높은 산이고, 침보라소산은 지구 중심으로부터 잴 때 가장 멀리 솟은 산이다. 어떤 산이 오르는 데 더 오래 걸리는가?

7. 1968년 미국의 어떤 주에서 런던 브리지를 사들였는가?

8. 핵실험 지역 가까이 위치한 어떤 도시가 '업 앤 애텀' 도시로 알려졌었는가?

9. 실종된 비행기와 배, 선원들은 모두 어떤 열대 지역과 관련이 있는가?

10. 아마존강은 한때 다른 방향으로 흘렀었다. 맞는가 틀리는가?

Answers

정답은 246페이지 참조.

우리는 왜 아직
외계인을 만나지 못한 것일까?

지구상의 생명체는
달 없이도 잘 지낼 수 있을까?

달은 점점 그 궤도가 더 커지고 있어 매년 3.78센티미터의 속도로 지구로부터 멀어져가고 있다. 당신의 손톱이 자라는 속도와 같다. 그런데 만일 그 속도가 점점 더 빨라져, 달이 우리 주변에서 사라지게 된다면 지구상의 생명체는 어찌 될까?

달이 만드는 조수 간만의 변화

달은 지구가 미치는 중력 때문에 지구 궤도 안에서 움직이고 있고, 반대로 달은 또 지구에 중력을 미쳐 조수 간만 차를 일으킨다. 또한 지구 중심이나 양 측면보다는 달과 정면으로 마주 보는 지구의 면에 더 큰 중력이 미친다. 그래서 바닷물은 지구의 양 측면 쪽으로 뻗치는데, 그걸 '조류 부풀음tidal bulge'이라 한다. 지구는 하루 종일 자전하므로, 달의 중력으로 인해 하루에 두 번 해수면이 최고조에 이르는 만조가 발생하고, 6시간 후에 해수면이 가장 낮아지는 간조가 발생한다. 달이 없어도 태양 역시 영향력을 미쳐 조류는 있겠지만, 만조와 간조가 덜 뚜렷해질 것이다.

조류는 아주 중요해, 그 덕에 적도의 열기가 북극과 남극으로 이동되고, 따뜻하고 찬 기온이 주기적으로 나타난다. 많은 동물이 기온에 따라 이동하며, 조류의 예측 가능성은 어부와 군 선박은 물론 서퍼에게까지 도움이 된다.

5시간에서 24시간으로 달라진 달의 자전

지구는 자전을 하기 때문에, 달이 조류를 끌어 올리기에 앞서 그걸 끌어당긴다. 그런데 달이 지구의 조류 부풀음에 미치는 중력 때문에 마찰력이 발생하며, 그 결과 지구의 자전 속도가 떨어지고, 달은 도는 궤도가 더 커지면서 지구로부터 더 멀어지게 된다. 달이 처음 형성됐을 때, 지구의 하루(완전히 자전하는 데 걸리는 시간)는 5시간밖에 안 됐으나, 달이 점차 지구로부터 멀어져갔고, 그 제동 효과 때문에 지구의 하루는 현재의 24시간으로 늘어났다. 만일 이런 과정이 점점 더 빨라진다면 달은 점점 멀어지게 될 것이고, 그 결과 지구의 하루는 점점 더 길어지게 될 것이다. 그러나 아예 달이 사라져 버린다면, 우리는 잠자리에서 일어나 일하러 가기도 전에 다시 잠자리에 들게 될 것이다.

흔들리는 지구를 지탱해주는 달

지구가 달을 위성으로 두고 있어 좋은 점 중 하나는 지구가 돌 때 흔들리는 현상이 방지된 다는 것이다. 지구가 23도 각도로 기운 채 돌 때 달이 안정 장치 역할을 해주기 때문이다. 이렇게 기울어 있어 겨울에 북반구가 태양 쪽으로 더 가깝게 기울어 낮이 더 길고 기온도 더 따뜻하다. 달이 없다면 지구는 불안정해질 것이고, 세계의 여러 지역이 현재보다 더욱 극심한 기온 변화를 겪게 될 것이다.

점점 더 멀어지는 달

과학적 시뮬레이션에 의하면, 45억 년 전에 달이 형성됐을 때는 지구 쪽에 훨씬 더 가까워 2만 2,500킬로미터밖에 안 됐다고 한다. 오늘날 그 거리는 40만 2,336킬로미터나 된다. 그리고 265일에 1킬로미터씩 더 멀어질 것이다.

1951년부터 1966년까지 구소련은 인간이 갈 길에 미리 개를 보내는 프로젝트에 돈을 투자함으로써 우주 경쟁에서 앞서 나가기 시작했다. 10마리 이상의 개가 살아 돌아와 다시 꼬리를 흔들진 못했지만, 이 개들은 우주여행에 대한 공로로 소련의 영웅이 되었다.

우주개가 되기 위한 특별한 조건

유인 우주여행 및 국제우주정거장 시대 이전에 미국과 소련의 우주 기관은 이런저런 한계 상황을 테스트하기 위해 동물을 이용했다. 미국인은 별에 원숭이와 침팬지를 보냈으나, 소련은 개가 더 차분해 다른 동물들보다 스트레스를 잘 견뎌줄 거라고 봤다. 그들 생각에 원숭이는 질병에도 더 취약했다. 그들은 특히 그 목적에 맞는 품종의 개나 혈통이 뛰어난 개 대신 모스크바의 추운 겨울을 견뎌내고 배고픔에 익숙한 유기견을 골랐다. 그런 개가 우주여행의 스트레스를 더 잘 견딜 거라고 생각한 것이다. 우주 비행 개들은 털 색깔이 밝아 카메라에 잘 잡히는 체중 6~7킬로그램쯤 되는 1세 반에서 6세 암컷(조그만 캡슐 안에서 오줌을 누기 더 쉬워서)이었다.

우주로 간 개들은 어떻게 돌아왔을까

1951년 8월 15일 데지크Dezik와 치간Tsygan이 저궤도 비행에서 살아 돌아온 최초의 포유동물이 되었다. 이 개들은 100킬로미터 상공까지 올라간 뒤 로켓의 원추형 앞부분에서 낙하산이 펴지며 안전하게 지구로 돌아왔다. 이 개들은 시속 4,180킬로미터로 비행했는데도 지속적인 부작용은 없어 보였고 캡슐에서 풀려나오자 꼬리를 흔들어댔다. 이 과

정은 우주여행에 대비한 훈련 프로그램의 일부였다. 1주일 후 데지크는 리자Lisa라는 개와 다시 돌아왔는데, 불행히도 로켓의 낙하산이 펴지지 않아 둘 다 죽었다. 치간마저 같은 운명에 처하게 하고 싶지 않았던 로켓 발사 안전 담당 요원 아나톨리 블라곤Anatoly Blagon은 치간을 입양해 모스크바의 자기 집으로 데려갔고, 거기서 치간은 장수했다.

세계의 사랑을 받은 소련의 우주 영웅

궤도 위에 오른 최초의 개는 라이카Laika로, 이 개는 1957년 두 번째 소련 위성 스푸트니크 2호를 타고 올라갔다. 몇 년간은 라이카가 우주에서 7일 정도까지 생존했으리라 믿어졌지만, 사실은 열전도율 계산 착오로 인해 발사 후 몇 시간 이내에 죽었다는 것이 2002년에 밝혀졌다. 라이카의 경우, 어차피 로켓 회수 시스템도 없었기 때문에 불운한 우주 경쟁의 희생양으로 여겨졌다.

라이카의 업적은 1960년 궤도에서 성공적으로 돌아온 최초의 개 벨카Belka와 스트렐카Strelka로 인해 빛을 잃었다. 이 개들은 텔레비전에도 나오고 유력 정치인도 만나는 등 국제적인 명사가 됐고, 또 소련 우주여행의 대명사가 되었다. 스트렐카의 강아지 중 하나인 푸신카Pushinka는 존 F. 케네디John F. Kennedy 대통령의 딸에게 선물되기도 했다. 물론 비밀경호국에서 도청 장치 검사를 끝낸 후에 말이다.

우리 은하의 크기는 얼마나 될까?

태양과 8개의 행성, 왜행성 그리고 달 같은 위성으로 이루어진 태양계는 우리 은하의 바깥쪽 나선 팔 부분에 위치해 있다. 태양에서 가장 먼 행성인 해왕성은 지구로부터 거의 43억 5,000만 킬로미터 떨어져 있다. 그리고 태양계 너머에는 우리 은하의 나머지 우주가 있다.

우리 은하와 태양계 그리고 블랙홀

우리 은하에는 중요한 팔이 4개 있으며, 각 팔은 최소 1,000억 개의 별로 이루어져 있다. 은하의 지름은 약 10만 광년이다. 얼마만한 거리인지 짐작도 안 될 텐데, 1광년은 약 9조 킬로미터에 해당된다. 은하 중심에는 거대한 블랙홀이 있는데, 그 크기가 태양의 약 400만 배인 걸로 추산된다. 태양계는 다른 모든 별과 함께 시속 82만 8,000킬로미터의 속도로 그 블랙홀을 중심으로 돈다. 그러나 태양계가 워낙 방대해, 다 도는 데는 2억 3,000만 년이 걸린다.

우주의 나이와 국부 은하군

우리 은하의 일부는 약 135억 년이 되어, 우주의 나이와 몇 백만 년 정도밖에 차이 나지 않는 걸로 믿어진다. 이는 '국부 은하군Local Group'으로 알려진 30개 은하 집합체의 일부다. 그중 가장 규모가 큰 게 안드로메다은하이며 우리 은하는 두 번째로 크다. 국부 은하군은 우주가 팽창하면서 서로 멀어지고 있는 많은 '은하단galaxy cluster' 중 하나에 불과하다.

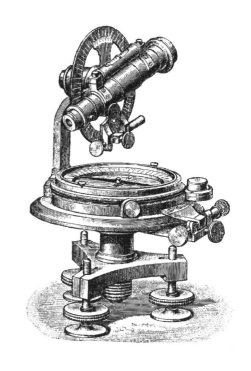

우리는 왜
지구가 도는 걸 느끼지 못할까?

모든 게 조금 천천히 돌아가는 극지방 근처에 살지 않는 한, 당신은 지금 지축을 중심으로 늘 시속 1,675킬로미터(초속 465미터)로 돌고 있는 거대한 암반 위에 있는 것이다. 그러나 지구라는 행성이 워낙 커 당신은 아무것도 느끼지 못한다.

구름을 보면 속도가 보인다

지구의 대기는 우리가 움직이는 속도 그대로 돌기 때문에, 지구가 도는 속도를 느끼질 못한다. 지구 위에 있는 건 비행기를 타고, 두 배 더 빨리 여행하는 것과 비슷한 점이 있다. 비행기는 워낙 빨리 움직이기 때문에, 속도를 높이거나 줄이지 않는 한 눈을 감아도 당신이 시속 800킬로미터로 움직이고 있다는 사실을 인식하기 어렵다. 그걸 인식하는 유일한 순간은 창을 통해 구름을 내다볼 때다.

너무 빠르고 멀어 만들어내는 착각

지구를 따라 도는 대기 너머에는 달과 태양과 별이 있는데, 그것을 보면 우리가 움직이고 있다는 걸 알 수 있다. 그런데 우리가 달과 태양과 별로부터 너무 먼데다가 그 변화가 느리고 변함없고 점진적이어서 우리는 가만히 있고 그것이 움직이는 것처럼 보인다. (우리 조상들은 실제 그렇게 믿었다.) 만일 비행기가 착륙할 때처럼 갑자기 속도를 올리거나 낮춘다면 당신은 분명 그걸 느낄 것이다. 지구가 자전을 멈추거나 다른 속도로 자전하게 된다면, 그건 아마 행성 간 충돌처럼 상상할 수 없을 만큼 큰 외부 힘에 의해 균형이 깨졌을 때일 것이다.

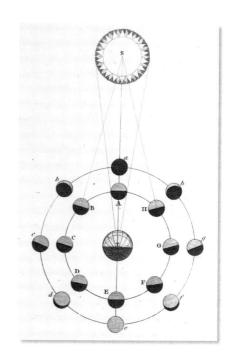

인간이 유성에 맞을 가능성은 얼마나 될까?

유성은 밝은 한 줄기 빛으로, 유성체가 지구 대기권 안으로 들어올 때 뒤로 꼬리 같은 흔적을 남긴다. 유성체가 지구에 충돌하면 그게 운석이 된다. 따라서 유성에 맞을 가능성은 없어도, 희박하지만 운석에 맞을 가능성은 있다.

가능성은 180년에 한 번

유성체는 태양을 중심으로 도는 조그만 행성간 물질이며, 때론 소행성이나 혜성으로부터 떨어져 나오는 미립자다. 매일 40억 개 가량의 유성체가 지구로 떨어지지만, 크기가 아주 작아(먼지 입자보다 크기 않다) 지구 대기권 안으로 들어오면서 증발해버린다. 훨씬 큰 게 지상에 떨어질 가능성은 거의 없다. NASA에 따르면, 매년 한 번쯤 자동차만한 소행성이 지구 대기권에 부딪히지만 진입 과정에서 거의다 타버린다고 한다. 그러나 일부는 대기권을 뚫고 들어온다. 1985년에 나온 한 연구에서는 인간이 1년 동안 운석에 맞을 확률은 0.0055, 또는 180년마다 딱 한 번이라고 추산했다.

운석에 맞아 멍들다

이걸 영광이라 할 수 있을지 모르겠지만, 어쨌든 이 희귀한 영광은 1954년 앤 호지스Ann Hodges가 누렸다. 그녀가 미국 앨라배마주 실라코가에서 소파에 누워 낮잠을 자는데, 오렌지만한 4.7킬로그램짜리 운석이 천장을 뚫고 들어와 라디오에 맞고 튀어 그녀의 엉덩이를 때린 것이다. 깜짝 놀랐지만 축구공 모양의 큰 멍이 든 것 외에 달리 다친 데는 없었다. 미 공군에서 이 검은 물체가 운석이라는 걸 확인해준 뒤, 그 운석의 소유권을 놓고 앤 호지스와

집주인 간에 법정 공방이 펼쳐졌다. 집주인은 그 운석이 자기 소유지에 떨어졌으므로 자신에게 그 소유권이 있다고 생각했지만, 500달러에 합의가 이뤄졌다. 앤과 그녀의 남편은 그 운석으로 돈을 좀 벌려 했으나 별다른 구매 제안이 들어오지 않자, 그걸 앨라배마 자연사 박물관에 기증했고, 그 운석은 지금도 거기에 있다.

돈이 되는 돌

그간 지구상에서 약 2만 4,000개의 운석이 발견됐지만, 바닷속이나 사람이 살지 않는 벽지에는 아직도 운석이 널려 있다. 최근 연구에 따르면, 매년 100개에서 2,000개의 운석이 지구에 떨어진다고 한다. 만일 운이 좋아 그중 하나를 발견하게 된다면, 당신은 돈을 조금 만질 것이다. 우주에서 날아온 돌은 그램당 약 2달러 정도 하며, 떨어지는 걸 직접 본 경우 훨씬 더 비싸진다. 달이나 화성의 돌은 그야말로 노다지로, 그램당 1,000달러 가까이 한다. 그러나 그 붉은 돌은 얼음 위나 모래 언덕에서 발견될 가능성이 훨씬 높아, 그런 운석을 찾으려면 가방을 메고 남극 대륙이나 북 아프리카로 가야 할 것이다.

124

누가 아인슈타인의 뇌를 훔쳐갔을까?

유명한 물리학자 앨버트 아인슈타
인Albert Einstein이 1955년 4월
18일 동맥류 파열로 세상을 떠
나자, 그의 시신은 미국 뉴저지
주 프린스턴 병원 영안실에 안
치됐다. 부검을 실시한 의사는 긴
급 대기 중이던 병리학자 토마스 숄
츠 하비Thomas Stoltz Harvey로, 그는 이후 아인
슈타인의 뇌를 훔친 사람으로 알려지게 된다.

누가 허락한 연구인가

아인슈타인이 자기 뇌를 연구 대
상으로 삼는 걸 원했을까 하는
것에 대해선 아마 배심원단도 선
뜻 결론 내리지 못할 것이다. 어
떤 사람들은 아인슈타인이 자신의
묘가 자신과 자신의 업적을 기리는 성
지가 되지 않게, 자신의 유해를 화장해 아무도
모르는 곳에 뿌리라는 확실한 유언을 남겼다
고 했다. 그러나 또 어떤 사람들은, 특히 로날
드 클라크Ronald Clark는 1984년에 낸 전기에
서 아인슈타인이 자신의 뇌를 연구에 쓰라고
했다고 적었다.

하비는 단순히 죽음의 원인을 밝히고 확인하
는 데 그치지 않고, 아인슈타인의 두개골을 톱
으로 개봉해 뇌를 끄집어냈다. 그는 또 두 눈
을 빼내 아인슈타인의 안과 담당의한테 넘겼
다. 그런데 하비가 그렇게 그 장기에 대한 소
유권을 행사하는 동안 가족들의 동의는 없었
다. 아인슈타인의 아들 한스 앨버트Hans Albert
는 뒤늦게 자기 아버지의 유언이 지켜지지 않
은 걸 알고 격분했지만, 자기 아버지의 뇌가
천재의 특성을 밝히는 데 도움이 될 거라는

하비의 설득에 결국 동의했다.

240조각으로 절개된 뇌 속에 천재성이?

부검 이후 하비는 이 '천재'의 뇌 무게와 크기를 측정했다. 뇌 무게는 76세의 남자 평균 뇌 무게치곤 적은 편인 1.2킬로그램이었다. 그런 다음 뇌를 가지고 미국 펜실베이니아대학교의 한 연구실로 가, 거기에서 마이크로톤이라는 보기 드문 장비를 이용해 뇌를 현미경으로 볼 수 있을 만큼 정교하게 절개해 세포 조직을 경화시키는 화학물질인 셀로이딘 속에 담았다. 총 240조각으로 절개됐던 걸로 알려져 있다. 그것을 찍은 슬라이드 중 상당수는 당시의 저명한 신경병리학자들에게 보내졌으나, 그들 중 그 뇌에서 특이할 만한 사항을 발견한 이는 없었으며, 그 결과 역시 발표된 적이 없다.

다시 유산이 된 천재의 뇌

사실상 아인슈타인의 뇌를 훔친 이후 병리학자로서의 하비의 경력은 회복되지 못했다. 그는 프린스턴 병원에서의 일자리를 잃었고, 병리학자 타당성 조사에서 탈락되면서 1980년대 말에 의사 면허까지 잃었다. 결국 그는 플라스틱 압출 공장 생산 라인에서 일을 하다 2007년에 세상을 떠났다. 1978년 하비와의 인터뷰로 아인슈타인의 뇌에 대한 관심이 되살아났으며, 많은 연구가 행해졌으나 결론이 나진 않았다. 1998년 하비는 자신이 갖고 있던 아인슈타인의 나머지 뇌 170조각 이상을 프린스턴대학 의료센터(현재의 프린스턴 병원)에 넘겼다.

아직 끝나지 않은 천재의 삶

아인슈타인의 두 눈은 현재 뉴저지주의 한 안전 금고의 어둠 속을 들여다보고 있다고 알려져 있다. 그의 안과 의사였던 헨리 에이브람스Henry Abrams는 여생 동안 그 두 눈을 소유하고 있다가, 2009년 97세의 나이로 세상을 떴다. 1994년의 한 인터뷰에서 그는 그 두 눈을 경매에 붙일 거라는 걸 부인하며 이렇게 말했다. "그의 눈을 갖고 있다는 건 그의 삶이 끝나지 않았다는 뜻입니다. 그의 일부가 나와 함께하고 있으니까요." 그 두 눈은 아직 공개적으로 팔리지 않았다.

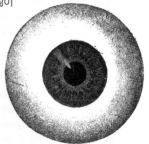

125

달의 뒷면에는 무엇이 있을까?

1959년 소련의 우주선 루나 3호가 처음으로 달의 뒷면을 카메라에 잡았을 때 그 결과는 충격적이었다. 조그만 초록색 외계인이 숨어 있지 않았을지는 모르나, 그 풍경이 우리가 수천 년간 봤던 앞면과 판이하게 달랐던 것이다.

달의 뒷면을 처음 본 사람

우리가 볼 때 달은 늘 고정되어 있다. 늘 같은 면이 지구를 향해 있는 것이다. 달을 직접 두 눈으로 본 최초의 인간은 1968년 달 궤도에 들어간 아폴로 8호 승무원들이다. 달 앞면은 아주 오랜 옛날 화산 활동으로 생긴 용암으로 뒤덮인 거대한 '달의 바다lunar maria'인데, 뒷면은 여기저기 충돌 분화구가 있었고 지각이 두터워 마그마가 겉으로 솟아오르기 힘들게 되어 있는 등 겉모습 자체가 전혀 달랐다.

'어두운 면'에 주목하라

많은 사람들이 달의 '뒷면far side'과 '어두운 면dark side'을 혼동하는데, 아마 대히트한 핑크 플로이드Pink Floyd의 1973년 앨범 제목 The Dark Side of the Moon 때문일 것이다. 달에는 어두운 면이 있다. 지구와 마찬가지로 낮과 밤이 있기 때문. 그러나 지구의 경우처럼 그 어두운 면은 늘 변화한다. 만일 달의 뒷면에 베이스캠프를 차린다면, 낮과 밤을 다 경험하게 될 것이다. 달이 태양을 중심으로 완전히 한 번 자전하고 또 지구 궤도를 완전히 한 번 도는 데 지구 시간으로 29일이 걸려, 2주일은 낮을, 2주일은 밤을 경험하게 된다.

우주를 청소한다는 건
대체 무슨 말일까?

우주는 아주 너저분한 곳이다. 지구 궤도 안에는 항상 오렌지보다 2만 배 가까이 큰 쓰레기가 50만 개 이상 떠다닌다. 이 우주 쓰레기의 이동 속도는 시속 3만 킬로미터 이상이며, 아주 조그만 쓰레기라도 위성이나 우주선에 막대한 손상을 입힐 수 있다.

사람이 만든 우주 쓰레기

우주 쓰레기는 태양 궤도를 도는 자연 유성체와 인간이 만든 물체에서 나온 조각으로 지구 궤도를 도는 일명 '궤도 쓰레기' 이렇게 두 종류다. 후자는 기능을 멈춘 우주선과 버려진 발사체 부품 같은 보다 큰 쓰레기로 이루어져 있다. 현재 지구 궤도에는 1,071개 이상의 인공위성이 활동하고 있어, 이런 쓰레기를 잘 모니터링하고 쓰레기 발생을 최소화할 필요가 있다.

우주 쓰레기 처리 대작전

1995년 NASA는 궤도 쓰레기 경감 지침을 발표했다. 거기에는 새로운 쓰레기의 발생 방지, 작은 쓰레기와의 충돌에 견딜 수 있는 인공위성 제작, 큰 충돌이 예상될 경우 우주선이나 인공위성 이동 방향 변경 등의 조치가 담겨 있었다. 이 외에 잘 통제된 지구 궤도 재진입도 중요하다. 궤도 재진입 시 타서 없어지지 않는 쓰레기의 경우 추락 지점을 정확히 계산해 대양처럼 사람이 살지 않는 지역에 떨어뜨려야 하기 때문이다.

2017년에는 다양한 우주 청소 장치를 테스트해보기 위해, 유럽연합 집행위원회가 자금을 대고 영국 서리 우주센터가 이끄는 수백만 달러짜리 '쓰레기 처리RemoveDEBRIS' 프로젝트가 시작됐다. 사상 초유의 이 미션에서 그들은 작살, 그물, 항해 장치 등을 쏘아올린 뒤 인공쓰레기를 이용해 테스트를 해보게 될 것이다.

우리는 왜 아직
외계인을 만나지 못한 것일까?

아마 우리가 제대로 찾아보지 못했기 때문일 것이다. 우리의 태양은 4,000억에 가까운 우리 은하 내 별 중 하나이며, 우리 은하는 전 우주 내 1,000억 은하 중 하나다. 그 별 모두가 위성을 하나씩 갖고 있다고 가정한다면, 우주는 인간이 일일이 찾아보기엔 너무나도 거대하다.

그들은 왜 지구에 오지 않는가

케플러 우주 망원경에서 얻은 자료로 행해진 2013년의 한 연구에 따르면, 태양을 닮은 별 5개 중 하나의 궤도를 지구만한 행성이 돌고 있는데, 그 행성은 액체 상태의 물이 있어 생명체가 번성할 수 있다고 했다. 우리는 우리 은하 안이나 그 너머에서 아직 외계 문명의 증거를 찾지 못했지만, 외계 문명이 존재할 경우를 가정해본다면 자연스레 이런 의문이 제기될 것이다. 그렇다면 그 외계인은 왜 아직

지구를 방문하지 않은 걸까? 이것이 이른바 페르미 패러독스Fermi paradox, 즉 '거대한 침묵the great silence'이라 알려져 있다.

페르미 패러독스

엔리코 페르미Enrico Fermi는 1950년에 거대한 침묵 이론을 제기했고, 그 이론은 이후 많은 과학자들을 괴롭혔다. 페르미는 방사능 연구로 노벨 물리학상을 수상했다. 그는 새로운 삶을 찾아 이탈리아를 떠나 미국으로 갔고, 거기서 원자로 시제품을 만들었다. 그는 또 맨해튼 계획에 참여해 최초의 원자폭탄을 개발했다.

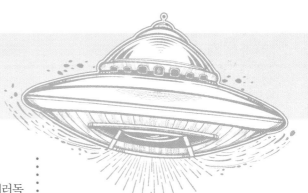

폭발적으로 발전되는 지속성이 있는가

'거대한 필터great filter' 이론은 페르미 패러독스를 설명할 수 있는 한 가지 이론이다. 평범한 무기물이 '폭발적으로 발전되는 지속성 있는 생명'이 되는 걸 막는 장애물이 있어, 다른 형태의 생명체가 우리한테 올 수 있을 만큼 발전하지 못한다는 이론이다. 이 이론에 따르면, 지구가 거쳐야 할 '거대한 필터'가 있는데, 태고 때는 번식 가능한 분자 내지 단세포 형태의 단순한 생명체가 출현해 그 필터를 통과했지만 이번에는 필터를 통과했다는 증거가 없어 큰 재앙이 우리를 기다리고 있는 걸로 봐야 한다고 한다.

45년간 아무도 대답하지 않는

또 한 가지 이론은 저 우주에 지능 높은 다른 생명체가 있지만 너무 멀리 떨어져 있어 교신을 할 수 없다는 이론이다. 그러나 설사 응답은 하지 못하더라도, 다른 생명체가 우리가 보낸 메시지를 받았을 수도 있다. 이런 걸 감안해, 1974년 전파 망원경을 이용해 약 30만 개의 별이 모여 있는 헤라클레스 구상 성단을 향해 '아레시보 메시지Arecibo message'라는 메시지를 전송했다. 1,679개의 2진 숫자로 이루어진 그 메시지에는 1부터 10까지의 숫자, 지구의 인구, DNA의 이중 나선 구조 그래픽 등이 담겨 있었다. 그 메시지는 그런 식의 메시지가 가능하다는 상징으로 단 한 번 전송됐으나, 아직까지 아무 응답도 없다.

침묵을 돌파하라

그간 우리의 외계 생명체 탐색 작업은 아주 제한적이어서, 허블 망원경을 통해 지구만 한 한 행성의 대기 연구밖에 못 했다. 그러다 2015년 가장 가까운 수백만 개의 별과 우리 은하 그리고 가장 가까운 100개의 은하를 탐색하기 위한 약 1억 달러짜리 '브레이크스루 리슨Breakthrough Listen' 프로젝트가 시작됐다. 이 광범위한 탐색 작업은 10년 정도 걸릴 것으로 예상되며, 강력한 전파 망원경을 이용해 신호를 찾음으로써 페르미 패러독스에 대한 결정적인 답을 찾을 수 있을 것으로 기대를 모으고 있다.

1961년 구소련의 우주비행사 게르민 티토프 Gherman Titov는 우주에서 식사를 한 최초의 인간이 되었고, 1962년에는 미국인 존 글렌 John Glenn이 그 뒤를 이었다. 티토프는 수프와 묽은 페이스트, 블랙커런트 주스를 입안으로 밀어 넣었고, 글렌은 치약 같은 튜브를 이용해 사과 소스를 먹었다. 그러나 오늘날 우주비행사의 형편은 이보다는 조금 낫다.

우주에서 먹는 신선한 과일과 야채

반세기 이상의 우주 탐험과 과학 발전 덕에 우주에서의 식사는 1960년대 이래 눈에 띄게 향상됐다. 우주비행사들은 비행 전에 다양한 메뉴 중에 선택을 할 수 있는데, 많은 경우 과일과 야채가 포함된다. 그러나 대부분의 식사는 물을 부어 원상태로 돌릴 수 있는 음식, 열처리를 통해 사전에 해로운 미생물을 제거한 음식 등이다. 특히 전자는 가벼운데다가 공간도 덜 차지하고 필요한 물은 우주 왕복선 연료 전지의 부산물로 해

결할 수 있어 우주여행에 이상적이다. 초창기인 1983년에는 사과, 바나나, 홍당무, 셀러리 줄기 등을 우주왕복선에 실어 날랐으며, 그 이후 신선한 과일과 야채는 늘 식단에 포함되고 있다. 국제우주정거장(ISS)에는 재공급 화물 운송 수단을 통해 신선한 농작물도 공급하고 있지만, 냉장고가 없기 때문에 며칠 내로 소비해야 한다.

최초의 우주선 야채, Veg-01

2015년 우주정거장의 '엑시비션 44Exhibition 44' 승무원들은 실험의 일환으로 우주에서 재배한 최초의 야채인 Veg-01을 먹었다. NASA에서 '베기Veggie'라는 애칭을 붙인 이 붉은색 로메인 상추는 몇 년의 노력 끝에 얻은 결실

로, 우주비행사 스콧 켈리Scott Kelly는 이렇게 말했다. "샐러드용 아루굴라 비슷한 게 맛있었어요."

전자레인지 크기인 베기 장치는 가장 많은 빛을 내는 빨간색과 파란색 LED 등을 이용해 식물 성장을 촉진한다. 그러나 상추의 경우, 초록색 LED 등을 추가해 더 눈에 띄고 맛있어 보이게 만든다. 씨앗은 찰흙과 비료와 물이 있는 배양기 안에서 배양되는데, 상추의 경우 약 한 달이면 먹을 수가 있을 만큼 자랐다. 우주에서의 상추 재배는 처음이 아니어서 그 전에도 재배에 성공한 적이 있으나, 감염 우려 때문에 우주비행사들이 직접 먹지는 않았고, 검사를 위해 지구로 실어 왔다.

2016년에는 우주에서 처음으로 꽃이 제대로 자랐다. 국제우주정거장에서 데이지의 일종인 백일홍이 꽃을 피운 것이다. 또한 2018년부터는 지구 저궤도 상에서 토마토가 실험 재배 중이다.

우주 원예의 이점

국제우주정거장에는 대규모 정원을 조성할 공간은 전혀 없으며, 따라서 현재 거기서 이루어지는 실험은 보다 지속적인 우주 임무 수행을 위한 첫걸음이라 할 수 있다. 우주 비행 시 우주선에 싣고 갈 수 있는 보급품의 양은 제한적이어서, 재보급에 의존해야 한다. 그러나 만일 우주비행사들이 자신이 먹을 음식의 일부를 직접 재배한다면, 더 먼 우주로 더 오래 여행할 수 있을 것이다. 신선한 야채를 직접 재배하는 일은 장기간의 우주 임무 수행으로 인한 스트레스 해소에도 도움이 되고 바람직한 취미 생활도 되는 등 우주비행사들의 정신 건강에도 좋다고 한다.

129

누가 우주에서
가장 많은 시간을 보냈을까?

러시아의 게나니 아바노비치 파달카Gennady Ivanovich Padalka는 5차례의 임무 수행에 총 879일을 우주에서 보내 우주 최장기 기록을 보유하고 있다. 2015년 3월, 5번째 우주여행을 앞둔 57세 생일 자축 자리에서 그는 우주비행사로 일하는 동안 우주에서 1,000일을 보내는 게 목표라고 말했다.

러시아의 베테랑 우주인, 파달카

파달카는 1989년 소련 공군에서 대령으로 진급하면서 우주비행사 훈련 과정에 선발됐다. 그는 1998년에 첫 임무에 나서 미르 우주정

거장의 비활성화 및 궤도 이탈 준비를 하면서, 미르 우주정거장에서 가장 많은 시간을 보낸 마지막 우주비행사 중 한 명이 되었다. 그는 그간 국제우주정거장을 4차례 방문했으며(그 중 2차례는 정거장 지휘관 역임), 9차례의 우주 유영을 했다. 2009년 우주왕복선 인데버Endeavour 호가 도킹해 승무원들을 내렸을 때 국제우주정거장을 지휘한 것도 바로 그였다. 당시 7명이 새로 승선해 총 인원이 13명이 되었는데, 이는 우주에서 한 우주선 안에 가장 많은 사람이 모인 사례였다.

그의 동료인 러시아인 발레리 폴랴코프Valeri Polyakov는 1994년부터 1995년까지 438일을 미르 우주정거장에서 보내 최장 시간 우주 비행을 한 개인으로 기록돼 있다. 오랜 우주 비행은 인체에 극도의 부담을 준다. 중력이 없어, 지구 중력에 맞서 사용하던 근육을 쓸 일이 거의 없어 근육 위축 현상이 일어난다. 우주비행사들의 경우 뼈세포가 축적될 새도 없이 손실돼 골밀도도 저하된다. 우주정거장이라는 밀폐된 공간에서 수개월(폴랴코프는 14개월)을 지내면서 겪어야 하는 심리적 문제도 극심하다.

우주인들의 별별 기록

미국인들이 파달카의 기록을 깨려면 가야 할 길이 멀다. 2016년 제프리 윌리엄스Jeffrey Williams는 4차례의 임무 수행 차 우주에서 534일을 보내면서 미국 기록을 깼다. 그러나 이 기록은 2016~2017년 임무를 마치면서 총 560일을 우주에서 보낸 동료 미국인 페기 휫슨Peggy Whitson에 의해 깨지게 된다. 휫슨은 국제우주정거장을 지휘한 최초의 여성이기도 하며, 마지막 임무를 맡을 당시 우주 발사대에 오른 최고령 여성이기도 했다.

NASA의 우주비행사들은 다른 기록도 갖고 있다. 제임스 보스James Voss와 수전 헬름스 Susan Helms는 2001년에 우주왕복선 디스커버리Discovery 호와 국제우주정거장 밖에서 8시간 56분을 보내, 최장 시간 우주 유영 기록을 공동 보유하고 있다. 또한 프랭클린 창-디아즈Franklin Chang-Diaz와 제리 로스Jerry Ross 는 활동 기간 중 7차례 우주 비행에 나서 최장 우주 비행 기록을 공동 보유하고 있다. 2016년 현재 총 18개 나라에서 226명이 국제우주정거장을 방문했는데, 그중 미국 국적(142명)이 가장 많다.

> "우주비행사들의 경우 뼈세포가 축적될 새도 없이 손실돼 골밀도도 저하된다."

꿈을 이루다

경제적인 여유가 있다면 우주에 머무는 특별한 경험을 해볼 수도 있다. 3,500만 달러 정도의 비용이면 우주정거장 표를 구입할 수 있는 것이다. 미국인 소프트웨어 억만장자 찰스 시모니Charles Simonyi는 이 여행이 얼마나 황홀한지 잘 알고 있었고, 그래서 약 2,500만 달러와 3,500만 달러씩을 내고 두 차례 2주 일정의 우주여행을 했다.

130

우주비행사는
근무 중에 술을 마실 수 있을까?

대부분의 경우 몇 주일을 비좁은 우주선 캡슐 안에 갇혀 지내야 한다는 생각만으로도 술 생각이 날 것이다. 사실 우주여행에 실험 목적의 술을 실어 가긴 하나, 우주비행사들에게 술은 허용되지 않는다. 물론 늘 그랬던 건 아니지만……

우주에서의 와인 파티는 불가능한가

1973년 NASA가 세계 최초의 우주정거장 스카이랩Skylab을 쏴 올렸을 때, 최초의 우주 바가 생겨날 뻔했다. 우주비행사들을 위한 메뉴 중에는 원래 제조 과정에서 가열을 해 가장 안정적인 와인으로 여겨지는 셰리도 포함됐다. 시음을 거쳐 폴 마송 캘리포니아 레어 크림 셰리가 선정돼 주문까지 들어갔다. 그리고 그 술을 담기 위해 빨대가 내장된 유연한 플라스틱 파우치 포장이 개발됐다. 그러나 우

주에서의 술 파티에 대한 부정적인 여론을 인식한 듯 NASA의 알코올 프로그램은 갑자기 중단됐다. 스카이랩의 책임자는 '술이 제공된다면 끊임없는 비판과 조롱에 직면할 것'이라는 등의 이유를 댔다.

러시아의 반란

NASA의 엄격한 규칙 때문에 미국 우주비행사들은 국제우주정거장에 술을 놔둘 수 없지만, 러시아의 경우 우주비행사들의 음주에 훨씬 관대하다. 러시아의 초창기 우주 비행들, 특히 미르 우주정거장 프로젝트 이후 술은 우주비행사 배급 식량 중 핵심적인 부분이 되었다. 미르 승무원이었던 알렉산데르 라주트킨Alexander Lazutkin은 의사들이 '우주비행사들의 면역 체계 강화를 위해' 코냑을 권했다고 했다.

우주

이 장이 당신의 마음을 넓히는 데 도움이 됐는가? 이제 여기서 배운 걸 테스트해보자.
문제가 잘 안 풀리더라도 당황하지 말라. 진실은 저기 저 밖에 있으니 말이다.

Questions

1. 달이 형성될 당시 현재보다 지구에 더 가까이 있었는가 아니면 더 멀리 떨어져 있었
   는가?

2. 어떤 미국 대통령의 딸이 러시아 우주 프로그램에 참여한 개 중 한 마리가 낳은 강
   아지를 선물로 받았는가?

3. 지구는 시속 322킬로미터의 속도로 돈다. 맞는가 틀리는가?

4. 아인슈타인의 뇌는 평균적인 남자의 뇌보다 무게가 더 나갔는가?

5. 달의 뒷면을 카메라에 처음 담은 건 소련 우주선인가 아니면 미국 우주선인가?

6. 지구 궤도 내 우주에는 50만 개가 넘는 우주 쓰레기가 있다. 맞는가 틀리는가?

7. 어떤 술이 거의 스카이랩 메뉴의 일부가 될 뻔했는가?

8. 아레시보 메시지는 외계인이 보낸 메시지인가 외계인에게 보내는 메시지인가 아니
   면 우주에 있는 인간에게 보내는 메시지인가?

9. 우주에서 처음 재배해 먹은 야채는 무엇이었나?

10. 세계 기록 보유자인 발레리 폴랴코프는 4년 연속 우주에서 시간을 보냈다. 맞는가
    틀리는가?

Answers

정답은 247페이지 참조.

Speed Quiz Answers

문학(27페이지)

1. 작가가 수천 킬로미터 떨어진 데서도 자기 책에 사인을 할 수 있게 해주는 장치. 마가렛 애트우드가 처음 사용했다.

2. 캐드버리 초콜릿

3. J.K. 롤링의 시리즈 소설 『해리 포터』

4. 마크 트웨인

5. 클링곤

6. 미국 정부를 위한 스파이 일

7. 나비

8. voice

9. 개가 다 물어뜯었다.

10. 틀리다. 위니-더-푸는 '위니'라는 이름의 흑곰과 '푸'라는 이름의 장난감 백조 이름에서 따온 이름이다.

미술과 건축(45페이지)

1. 틀리다. 세 번째 부인 뭄타즈 마할의 무덤이다.

2. 에펠탑

3. 7대륙

4. 맞다.

5. 자신의 오른쪽 귀

6. 너무 멀어서. 달은 우리 지구로부터 37만 킬로미터나 떨어져 있다.

7. 4가지. 2가지는 파스텔화이고 2가지는 그림

8. 켐벨 사의 수프

9. 틀리다. 성경의 다윗과 골리앗 이야기에 나오는 다윗(또는 다비드)을 모델로 삼았다.

10. 멕시코 사람

영화와 연극(61페이지)

1. 틀리다. 그러나 먼치킨족을 연기하는 배우보다는 더 많은 출연료를 받았다.

2. 10대 소년

3. 〈헨리 8세〉

4. 파리

5. 날리우드

6. Dragon

7. 맞다.

8. 연기

9. 아니다. 41개 브로드웨이 극장 가운데 4개 극장만 브로드웨이에 있다.

10. 맞다.

고대 역사(79페이지)

1. 카약

2. 틀리다. 산꼭대기에 화강암 채석장이 있었다.

3. 암살 위협 때문에 독약에 대한 면역력을 키우려고

4. 유명한 문서다. 이 마그나 카르타 덕에 13세기 영국 법의 중요한 원칙이 수립됐다.

5. 그 안에서 대규모 해전을 재연할 수 있을 정도로 많은 물이 동원됐다.

6. 머리와 치아

7. 산시성에 있는 중국 최초의 황제 진시황의 무덤

8. 틀리다. 고대 이집트 여성들은 재산의 3분의 1을 가질 수 있었다.

9. 아즈텍 문명(또는 멕시카 문명)

10. 군인

스포츠(97페이지)

1. 맞다.

2. 와플

3. 황소의 눈(bullseye)

4. tidal bore

5. 골프

6. 건물이나 절벽 위 같은 저고도에서 낙하산을 메고 뛰어내리는 것

7. 틀리다. 노란 테니스공이 텔레비전 시청자들에게 더 잘 보인다는 연구 결과에 도입됐다.

8. 미국 풋볼

9. 자신의 스타팅 블록을 파기 위해

10. 틀리다. 그들은 노란색 셔츠를 입는다. 물방울무늬 셔츠는 등반 랭킹이 가장 좋은 주자가 입는다.

음식(115페이지)

1. 위험이 더 커진다.

2. 차. 커피는 매년 8,500억 잔만큼 생산되는데, 차는 2조 3,500억 잔만큼 생산된다.

3. 빅토리아 여왕

4. 틀리다. 살라리움은 병사들의 급여였다.

5. 치클 추잉 껌

6. 미국

7. 칠리

8. 닥터 페퍼

9. 진

10. 돼지

사람의 몸(137페이지)

1. 60대 사람

2. 광견병(영어로는 rabies)

3. 간질간질한 기침, 치매, 암, 당뇨병

4. 말하는 것에 대한 것

5. 오줌

6. 맞다.

7. 틀리다. 초록색 눈이 가장 드물다.

8. 더 많은 돈(경우에 따라 7퍼센트나 더 많은)

9. 빨간색과 흰색

10. 수쉬루타라는 인도의 치유사가 기원전 1000년에서 600년 사이에 최초의 성형수술을 했다는 기록이 있다.

과학(159페이지)

1. 갈색

2. 태양 광선으로부터의 보호 비율

3. 저하된다.

4. 플라스틱

5. 틀리다. 산소 수치가 높아진다는 증거는 없다. 그러나 하품을 하면 뇌를 식히는 데 도움이 된다는 연구 결과가 있다.

6. 다크 초콜릿. 테오브로민 함유량이 더 높기 때문이다.

7. 나치의 제3제국

8. 아니다. 2015년에 네 원소가 추가됐지만, 아직 발견 못한 원소가 더 있다.

9. 빨간색

10. 틀리다. 루미놀 스프레이를 뿌리면 케첩이 아니라 피와 표백제 또는 겨자무가 있었던 곳을 알 수 있다.

동물과 식물(183페이지)

1. 기린

2. 고통스런 침

3. 틀리다. 개의 코안에 들어 있으며, 서골비 기관이라고도 알려져 있다.

4. 대왕고래

5. 앵무

6. 맞다.

7. 크다. 돌고래는 몸 대비 뇌 크기가 인간 다음으로 크다.

8. 그들이 먹는 조류와 새우 때문에

9. 동쪽. 이른 아침의 햇빛에 더 강하게 반응하기 때문이다.

10. 맞다.

날씨와 기후(203페이지)

1. 틀리다. 보기엔 같지만, 분자 차원에서는 늘 다르다.

2. 그 눈사람을 태우는 시간이 오래 걸릴수록 겨울도 더 길어진다고 한다.

3. 조류. 먹을 수 있다. 그러나 설사가 나기 때문에 아마 먹고 싶지 않을 것이다.

4. 포그

5. 노이스터, 푸르가, 메뗄, 브유가, 부란

6. 맞다.

7. 더 늦게 움직임

8. 물고기, 개구리, 달팽이, 두꺼비, 올챙이, 악어

9. 틀리다. 그는 번개가 전기의 한 형태라는 걸 입증하려 했다.

10. 허리케인

지리(219페이지)

1. 남극 대륙

2. 맞다

3. 페루

4. 제임스 카메론

5. 아마존강

6. 에베레스트산

7. 애리조나주

8. 라스베이거스

9. 버뮤다 삼각지

10. 맞다.

우주(241페이지)

1. 지구에 더 가까이 있었다.

2. 존 F. 케네디 대통령의 딸

3. 틀리다. 시속 1,675킬로미터의 속도로 돈다.

4. 아니다. 자기 나이 또래 남자들의 뇌 무게 중 낮은 편에 속했다.

5. 소련 우주선 루나 3호였다.

6. 맞다.

7. 셰리

8. 외계인에게 보내는 메시지. 1974년 지능을 가진 다른 생명체와 접촉하고자 30만 개 이상의 별에 보낸 메시지다.

9. 로메인 상추

10. 틀리다. 그는 438일을 계속 우주에서 보냈다.

있어빌리티

교양수업 ___ 상식 너머의 상식

초판 1쇄 발행 2020년 6월 12일
지은이 사라 허먼   옮긴이 엄성수   펴낸이 김영범

펴낸곳 (주)북새통 · 토트출판사
주소 서울시 마포구 월드컵로36길 18 삼라마이다스 902호 (우)03938
대표전화 02-338-0117 팩스 02-338-7160
출판등록 2009년 3월 19일 제 315-2009-000018호 이메일 thothbook@naver.com

© 사라 허먼, 2017
ISBN 979-11-87444-50-3 04400
ISBN 979-11-87444-49-7 (세트)